Les Origines de la statique

Pierre Duhem

Paris, 1905

© 2025, Pierre Duhem (domaine public)
Édition : BoD · Books on Demand, 31 avenue Saint-Rémy, 57600 Forbach, bod@bod.fr
Impression : Libri Plureos GmbH, Friedensallee 273, 22763 Hamburg (Allemagne)
ISBN : 978-2-3224-9763-8
Dépôt légal : juin 2025

TABLE DES MATIÈRES DU TOME I.

PRÉFACE.

Le lecteur ne trouvera pas dans cet ouvrage l'ordre qu'il y eût sans doute désiré, que nous eussions assurément souhaité d'y mettre ; il s'étonnerait de voir notre exposition revenir, à plusieurs reprises, sur ses pas, s'il n'obtenait tout d'abord l'explication de ces singulières démarches.

Avant d'entreprendre l'étude des origines de la Statique, nous avions lu les écrits, peu nombreux, qui traitent de l'histoire de cette science ; il nous avait été facile de reconnaître qu'ils étaient, la plupart du temps, bien sommaires et bien peu détaillés ; mais nous n'avions aucune raison de supposer qu'ils ne fussent pas exacts, au moins dans les grandes lignes. En reprenant donc l'étude des textes qu'ils mentionnaient, nous prevoyions qu'il nous faudrait ajouter ou modifier bien des détails, mais rien ne nous laissait soupçonner que l'ensemble même de l'histoire de la Statique pût être bouleversé par nos recherches.

Ces recherches nous avaient amené, de prime abord, à quelques remarques imprévues ; elles nous avaient prouvé que l'œuvre de Léonard de Vinci, si riche en idées mécaniques nouvelles, n'était point, comme on le supposait communément, demeurée inconnue des géomètres de la Renaissance ; qu'elle avait été exploitée par maint savant du xvie siècle, en particulier par Cardan et par Benedetti ;

qu'elle avait fourni à Cardan ses vues si profondes sur la puissance motrice des machines et sur l'impossibilité du mouvement perpétuel. Mais, à partir de Léonard et de Cardan jusqu'à Descartes et à Torricelli, nous avions pu suivre le développement de la Statique sans que la marche de ce développement nous eût semblé essentiellement différente de celle qu'on lui attribuait communément.

Nous avions commencé à retracer ce développement en les pages hospitalières de la Revue des questions scientifiques, lorsque la lecture de Tartaglia, dont aucune histoire de la Statique ne prononce même le nom, vint inopinément nous montrer que l'œuvre déjà amorcée devait être reprise sur un plan entièrement nouveau.

Tartaglia, en effet, bien avant Stevin et Galilée, avait déterminé la pesanteur apparente d'un corps posé sur un plan incliné ; il avait très correctement tiré cette loi du principe dont Descartes devait plus tard affirmer l'entière généralité. Mais cette belle découverte, dont aucun historien de la Mécanique ne faisait mention, n'était pas le fait de Tartaglia ; elle était, dans son œuvre, un impudent plagiat ; Ferrari le lui reprochait durement et revendiquait cette invention pour un géomètre du XIIIe siècle, pour Jordanus Nemorarius.

Deux traités avaient été publiés, au XVIe siècle, comme représentant la Statique de Jordanus ; mais ces deux traités étaient si différents, ils se contredisaient parfois si formellement, qu'ils ne pouvaient être l'œuvre d'un même auteur. Si nous voulions connaître exactement ce que la

Mécanique devait à Jordanus et à ses disciples, il nous fallait recourir aux sources contemporaines, aux manuscrits.

Force nous fut donc de dépouiller tous les manuscrits relatifs à la Statique que nous avons pu découvrir à la Bibliothèque Nationale et à la Bibliothèque Mazarine. Ce dépouillement laborieux, pour lequel M. E. Bouvy, Bibliothécaire de l'Université de Bordeaux, voulut bien nous aider de ses conseils très compétents, nous a conduit à une conséquense absolument imprévue.

Non seulement le moyen âge occidental avait reçu, soit directement, soit par l'intermédiaire des Arabes, la tradition de certaines théories helléniques relatives au levier et à la balance romaine, mais encore sa propre activité intellectuelle avait engendré une Statique autonome, insoupçonnée de l'Antiquité. Dès le début du XIIIe siècle, peut-être même avant ce temps, Jordanus de Nemore avait démontré la loi du levier en partant de ce postulat : Il faut même puissance pour élever des poids différents, lorsque les poids sont en raison inverse des hauteurs qu'ils franchissent.

L'idée dont le premier germe se trouvait dans le traité de Jordanus avait grandi, suivant un développement continu, au travers des écrits des disciples de Jordanus, de Léonard de Vinci, de Cardan, de Roberval, de Descartes, de Wallis, pour atteindre sa forme achevée dans la lettre de Jean Bernoulli à Varignon, dans la Mécanique Analytique de Lagrange, dans l'œuvre de Willard Gibbs. La Science dont nous sommes aujourd'hui si légitimement fiers dérivait, par une évolution dont il nous était donné de marquer les phases graduelles, de la Science qui naquit vers l'an 1200.

Ce n'est point seulement par les doctrines de l'École de Jordanus que la Mécanique du moyen âge a contribué à la formation de la Mécanique moderne. Au milieu du XIVe siècle, l'un des docteurs qui honoraient le plus la brillante École nominaliste de la Sorbonne, Albert de Saxe, inaugurait une théorie du centre de gravité qui devait avoir la plus grande vogue et la plus durable influence. Impudemment plagiée au XVe siècle et au XVIe siècle par une foule de géomètres et de physiciens qui la reproduisaient sans en nommer l'auteur, cette théorie florissait encore en plein XVIIe siècle ; à qui l'ignore, plus d'une controverse scientifique, ardemment débattue à cette époque, demeure incompréhensible. De cette théorie d'Albert de Saxe est issu, par une filiation qui n'a point subi d'interruption, le principe de Statique énoncé par Torricelli.

L'étude des origines de la Statique nous a conduit ainsi à une conclusion ; au fur et à mesure que nous avons poussé nos recherches historiques plus avant et en des directions plus variées, cette conclusion s'est imposée à notre esprit avec une force croissante ; aussi oserons nous la formuler dans sa pleine généralité : La science mécanique et physique dont s'enorgueillissent à bon droit les temps modernes découle, par une suite ininterrompue de perfectionnements à peine sensibles, des doctrines professées au sein des écoles du moyen âge ; les prétendues révolutions intellectuelles n'ont été, le plus souvent, que des évolutions lentes et longuement préparées ; les soi-disant renaissances que des réactions fréquemment injustes et stériles ; le respect de la tradition est une condition essentielle du progrès scientifique.

Bordeaux, 21 mars 1905,
P. DUHEM.

LES ORIGINES DE LA STATIQUE

CHAPITRE I

ARISTOTE ET ARCHIMÈDE

(384-322 et 287-212 av. J. C.)

De leurs recherches profondes touchant les lois de l'équilibre, les anciens nous ont laissé des monuments peu nombreux, il est vrai, mais dignes d'une éternelle admiration. De ces monuments, les plus beaux, sans contredit, sont le livre consacré par Aristote aux questions mécaniques et les traités d'Archimède.

Le nom de « Traité de Statique » serait injustement donné à l'écrit où Aristote examine diverses questions relatives aux mécanismes (Μηχανικὰ Ρροβλήματα) ; le Stagirite, en effet, ne sépare pas la théorie de l'équilibre de la théorie du mouvement ; il n'assigne pas à la première des principes propres, autonomes, qui ne se réclament point de la seconde ; il traite d'une manière générale des mouvements qui peuvent se produire en un mécanisme ; lorsqu'aucun mouvement ne se produit, le mécanisme demeure en équilibre.

L'axiome qui donne la solution des divers problèmes mécaniques est la loi fondamentale qu'Aristote assigne au mouvement local et qui, explicite ou cachée, domine tout ce qu'il a écrit au sujet de ce mouvement. La puissance du moteur qui meut un corps est mesurée par le produit du poids du corps mû (ou de sa masse, car les deux notions de poids et de masse sont alors indistinctes) par la vitesse du mouvement imprimé à ce corps. Une même puissance peut donc mouvoir successivement un corps lourd et un corps léger ; mais elle mouvra lentement le corps lourd et vivement le corps léger ; les vitesses des mouvements imprimées à ces deux corps seront inversement proportionnelles à leurs poids.

Cette pensée est exprimée dans maint passage ; citons seulement celui-ci[1], dont la netteté est extrême : « Quelle que soit la puissance qui produit le mouvement, ce qui est moindre et plus léger reçoit d'une même puissance plus de mouvement….. En effet, la vitesse du corps le moins lourd sera à la vitesse du corps le plus lourd comme le corps le plus lourd est au corps le moins lourd. — Ἐπεὶ γὰρ δύναμίς τις ἡ κινοῦσα, τὸ δ' ἔλαττον καὶ τὸ κουφότερον ὑπο τῆς αὐτῆς δυνάμεως πλεῖον κινηθήσεται… Τὸ γὰρ τάχος ἕξει τὸ τοῦ ἐλάττονος πρὸς τὸ τοῦ μείζονος ὡς τὸ μεῖζον σῶμα πρὸς τὸ ἔλαττον. »

Ce principe fondamental de la Dynamique péripatéticienne est, semble-t-il, la traduction fidèle et immédiate des données les plus obvies de notre quotidienne expérience. La Dynamique moderne le réputé erreur grave.

Mais, pour rejeter cette erreur, il a fallu à la science deux mille ans de méditations, conduites par les plus grands esprits qui se soient succédé d'Aristote à Galilée. Nous essayerons quelque jour de retracer les principales phases de ce gigantesque effort intellectuel. Mais aujourd'hui, nous nous efforcerons d'oublier ce que la Mécanique moderne nous a enseigné et de nous pénétrer des lois acceptées par la Mécanique péripatéticienne. À cette condition seulement nous pourrons comprendre la pensée des géomètres qui, de siècle en siècle, vont faire progresser la Statique.

Deux puissances seront donc regardées comme équivalentes si, mouvant des poids inégaux avec des vitesses inégales, elles font prendre la même valeur au produit du poids par la vitesse ; ce produit sera la mesure de la puissance.

Concevons, dès lors, un levier rectiligne qu'un point d'appui partage en deux bras inégaux, aux extrémités desquels pèsent deux masses inégales ; lorsque le levier tourne autour de son point d'appui, les deux poids se meuvent avec des vitesses différentes ; celui qui est le plus éloigné du point d'appui décrit, dans le même temps, un plus grand arc que celui qui est le plus proche du même point ; les vitesses qui animent les deux poids sont entre elles comme les longueurs des bras au bout desquels ils pèsent.

Lors donc que nous voudrons comparer les puissances de ces deux poids nous devrons, pour chacun d'eux, faire le produit du poids par la longueur du bras de levier ; celui-là l'emportera qui correspond au plus grand produit ; et si les deux produits sont égaux, les deux poids resteront en équilibre.

« Le poids qui est mû, dit Aristote[2], est au poids qui meut en raison inverse des longueurs des bras de levier ; toujours, en effet, un poids mouvra d'autant plus aisément qu'il sera plus loin du point d'appui. La cause en est celle que nous avons déjà mentionnée : la ligne qui s'écarte davantage du centre décrit un plus grand cercle. Donc, en employant une même puissance, le moteur décrira un parcours d'autant plus grand qu'il est plus éloigné du point d'appui. — Ὁ οὖν τὸ κινούμενον βάρος πρὸς τὸ κινοῦν, τὸ μῆκος ἀντιπήπονθεν. αἰεὶ δ'ὅσῳ ἂν μεῖζον ἀφεστήκη τοῦ ὑπομοχλίου, ῥᾷον κινήσσει. Αἰτία δ'ἐστὶν ἡ προλεχθεῖσα, ὅτι ἡ πλεῖον ἀπέχουσα ἐκ τοῦ κέντρου μείζονα κύκλον γράφει ὥστ ἀπὸ τῆσ αυτῆς ἰσχύος πλέον μεταστήσεται τὸ κινοῦν τὸ πλεῖον τοῦ ὑπομοχλίου ἀπέχον. »

Ces considérations, développées à propos du levier, ne sont pas une remarque particulière dont l'efficacité se borne à ce cas ; elles constituent une méthode générale ; elles renferment un principe qui s'applique à presque tous les mécanismes ; par ce principe, les géomètres pourront rendre compte des effets variés produits par ces divers engins en considérant simplement les vitesses avec lesquelles sont décrits certains arcs de cercle. « Car les propriétés de la balance[3] sont ramenées à celles du cercle ; les propriétés du levier à celles de la balance ; enfin la plupart des autres particularités offertes par les mouvements des mécaniques se ramènent aux propriétés du levier. — Τὰ μὲν οὖν περὶ τὸν ζυγὸν γινόμενα εἰς τὸν κύκλον ἀνάγεται, τὰ δὲ περὶ τὸν μοχλὸν εἰσ τὸν ζυγόν, τὰ δ'ἄλλα πάντα σχεδὸν τὰ περὶ τὰσ κινήσεις τὰς μηχανικὰς εἰσ τὸν μοχλόν. »

N'eût-il formulé que cette seule pensée, Aristote mériterait d'être célébré comme le père de la Mécanique rationnelle. Cette pensée, en effet, est la graine d'où sortiront, par un développement vingt fois séculaire, les puissantes ramifications du Principe des vitesses virtuelles[4].

Aristote n'était pas géomètre ; du Principe qu'il avait posé, il ne sut pas tirer avec une entière rigueur toutes les conséquences qui s'en pouvaient déduire ; parfois, aussi, il crut pouvoir l'appliquer à des problèmes dont la complexité excédait de beaucoup les moyens par lesquels il les prétendait résoudre. D'ailleurs, dès le début de ses recherches, il s'était heurté à une grave difficulté ; la ligne décrite, en un mouvement du levier, par le point d'application de la puissance ou de la résistance est une circonférence de cercle ; elle ne coïncide pas avec la droite verticale selon laquelle agit cette puissance ou cette résistance. Touchant cette difficulté, Aristote avait donné quelques considérations fort obscures[5], plus propres à faire gloser les commentateurs qu'à satisfaire les géomètres.

Les géomètres aiment à voir une longue chaîne de raisonnements se dérouler dans un ordre parfait et former un lien sans défaut qui unit quelques principes très simples et très certains à des conclusions lointaines et compliquées.

Aucun ouvrage n'est plus capable de satisfaire leur besoin de rigueur et de clarté que les écrits où Archimède traite de la Mécanique.

Ces écrits comprennent le *Traité de l'équilibre des plans ou de leurs centres de gravité* (Ἐπιπέδων ἰσορροπικῶν ἢ κέντρα βαρέων ἐπιπέδων) et le *Traité des corps flottants* (Περὶ τῶν ὀχουμένων). Notre intention n'est point d'étudier, en cet écrit, les origines de l'Hydrostatique ; nous laisserons donc de côté le *Traité des corps flottants* pour arrêter notre attention sur l'autre Traité.

Archimède entend exclure des fondements sur lesquels il assoira sa doctrine toute proposition dont la solidité pourrait sembler douteuse ; il n'ira donc pas, à l'imitation d'Aristote, demander ses hypothèses fondamentales à la science du mouvement ; car les lois qui président aux mouvements des corps pesants semblent profondément cachées sous des apparences complexes ; l'analyse de ces phénomènes, si variés et si difficiles à observer exactement, semble peu propre à fournir des propositions qui rallient tous les suffrages. Au contraire, l'emploi quotidien d'instruments très simples, de la balance par exemple, nous révèle, au sujet de l'équilibre des graves, quelques règles dont la vérité et la généralité ne sauraient faire l'objet d'aucun doute. Suivant la méthode dont son maître Euclide a fait usage dans les *Éléments,* Archimède *demandera* à qui veut suivre son enseignement de lui accorder la certitude de ces quelques propositions, dont il déduira toute sa théorie.

Voici quelles sont ces *demandes*[6] d'Archimède :

1° Des graves égaux suspendus à des longueurs égales sont en équilibre.

2° Des graves égaux suspendus à des longueurs inégales ne sont point en équilibre ; et celui qui est suspendu à la plus grande longueur est porté en bas.

3° Si des graves suspendus à de certaines longueurs sont en équilibre et si l'on ajoute quelque chose à un de ces graves, ils ne sont plus en équilibre ; et celui auquel on ajoute quelque chose est porté en bas.

4° Semblablement, si l'on retranche quelque chose d'un de ces graves, ils ne sont plus en équilibre ; et celui dont on n'a rien retranché est porté en bas.

De ces postulats et de quelques autres, dont l'évidence est trop grande pour qu'il soit utile de les rapporter ici, Archimède tire, par une méthode imitée d'Euclide, une longue suite de propositions. Parmi ces propositions, citons seulement la sixième et la septième[Z], qui formulent les conditions d'équilibre du levier droit ; ces propositions sont les suivantes :

Proposition VI. Des grandeurs commensurables entre elles sont en équilibre lorsqu'elles sont réciproquement proportionnelles aux longueurs auxquelles ces grandeurs sont suspendues.

Proposition VII. Des grandeurs incommensurables sont en équilibre lorsque ces grandeurs sont réciproquement proportionnelles aux longueurs auxquelles ces grandeurs sont suspendues.

Ces deux propositions renferment les conséquences proprement mécaniques de l'écrit d'Archimède ; les théorèmes qui les suivent et où l'illustre Syracusain détermine les contres de gravité de diverses aires sont dignes des méditations du géomètre, qui en admire l'élégance et l'ingéniosité, et de l'algébriste, qui y découvre les premières intégrations qui aient été faites ; mais ils n'offrent au mécanicien aucun nouvel éclaircissement sur les questions qui le préoccupent.

Archimède est donc parvenu, en étudiant l'équilibre des graves, au même point qu'Aristote ; mais il y est parvenu par une voie entièrement différente. Il n'a pas tiré ses principes des lois générales du mouvement ; il a fait reposer l'édifice de sa théorie sur quelques lois simples et certaines relatives à l'équilibre. Il a ainsi fait de la science de l'équilibre une science autonome, qui ne doit rien aux autres branches de la Physique ; il a constitué la *Statique*.

Par là, il a assuré à sa doctrine une parfaite clarté et une extrême rigueur ; mais, il faut bien le reconnaître, cette clarté et cette rigueur ont été achetées aux dépens de la généralité et de la fécondité. Les lois qui régissent l'équilibre de deux graves suspendus aux bras d'un levier ont été tirées d'hypothèses spéciales à ce problème ; lorsque le mécanicien aura à traiter un autre problème d'équilibre, distinct de celui-là, il lui faudra invoquer de nouvelles hypothèses, hétérogènes aux premières, et l'analyse des premières hypothèses ne lui donnera aucune indication qui le puisse guider dans le choix des secondes. Ainsi, lorsqu'Archimède voudra étudier l'équilibre des corps flottants, il devra recourir à des principes sans analogie avec les *demandes* qu'il a formulées au début du Traité Ἐπιπέδων ἰσορροπικῶν.

Admirable méthode de démonstration, la voie suivie par Archimède en Mécanique n'est pas une méthode d'invention; la certitude et la clarté de ses principes tiennent, en grande partie, à ce qu'ils sont cueillis, pour ainsi dire, à la surface des phénomènes et non pas déracinés du fond même des choses ; selon une parole que Descartes[8] applique moins justement à Galilée, Archimède « explique fort bien *quod ita sit*, mais non pas *cur ita sit* » ; aussi verrons-nous les progrès les plus marquants de la Statique sortir bien plutôt de la doctrine d'Aristote que des théories d'Archimède.

1. ↑ Aristote, Περὶ Οὐρανοῦ, Γ, β. Édition Didot, t. II, p. 414.
2. ↑ Aristote, Μηχανικὰ Ρροβλήματα, Δ. Édition Didot, t. IV, p 58.
3. ↑ Aristote, Μηχανικὰ Ρροβλήματα, Δ. Édition Didot, t. IV, p 55.
4. ↑ A une certain époque, il fut de mode de tenir pour nulle et non avenue la science d'Aristote et de ses commentateurs ; ce préjugé suffisait à rendre incompréhensibles plusieurs des progrès intellectuels les plus importants ; ainsi dans l'aperçu historique, d'ailleurs si beau, qui ouvre la *Mécanique Analytique*, Lagrange a écrit ce qui suit, à propos du Principe des vitesses virtuelles: « Pour peu qu'on examine les conditions de l'équilibre dans le levier et dans les autres machines, il est facile de reconnaître cette loi, que le poids et la puissance sont toujours en raison inverse des espaces que l'un et l'autre peuvent parcourir en même temps ; cependant il ne paraît pas que les anciens en aient eu connaissance. Guido Ubaldi est peut-être le premier qui l'ait aperçue dans le levier et dans les poulies mobiles ou moufles ».
5. ↑ Aristotle, Μηχανικὰ Ρροβλήματα, B. Didot edition, Book IV, p. 55.
6. ↑ *Œuvres d'Archimède*, traduites littéralement avec un commentaire, par F. Peyrard. Paris, 1807, p. 275.

7. ↑ *Loc. cit.*, pp. 280-282.

8. ↑ Descartes, *Lettre à Mersenne* du 15 novembre 1638 (*Œuvres de Descartes*, publiées par Ch. Adam et P. Tannery, t. II, p. 433).

19

CHAPITRE II

LÉONARD DE VINCI

(1431-1519)

Les commentaires des Scolastiques touchant les Μηχανικὰ Ρροβλήματα d'Aristote n'ajoutèrent rien d'essentiel aux idées du Stagirite ; pour voir ces idées pousser de nouveaux surgeons et donner de nouveaux fruits, il nous faut attendre le début du XVIe siècle.

« Si, à l'aspect de ces hommes placés comme des colosses à l'entrée du XVIe siècle[1], on osait témoigner une préférence, peut-être la palme serait accordée à Léonard de Vinci, génie sublime qui agrandit le cercle de toutes les connaissances humaines. Dans les arts, Michel-Ange et Raphaël ne purent éclipser sa gloire ; ses découvertes scientifiques, ses recherches philosophiques le placent à la tête des savants de son époque. La musique, la science militaire, la mécanique, l'hydraulique, l'astronomie, la géométrie, la physique, l'histoire naturelle, l'anatomie, furent perfectionnées par lui. Si tous ses manuscrits existaient encore, ils formeraient l'encyclopédie la plus originale, la plus vaste, qu'ait jamais créée une intelligence humaine. »

De son vivant, Léonard de Vinci n'a rien publié. Divers témoignages nous assurent qu'en mourant il laissait en manuscrits certains traités achevés, notamment un traité de peinture et un traité de perspective ; mais ces ouvrages ne nous sont point parvenus. Le *Trattato della pittura*, publié à Paris par Dufresne en 1651 et souvent réédité depuis, le *Trattato del moto e misura dell' acqua*, imprimé à Bologne en 1828, ne sont que des rapsodies plus ou moins fidèles. La véritable pensée de Léonard doit être cherchée dans les carnets où il notait ses pensées à peine écloses.

De ces carnets, beaucoup ont été perdus ; après bien des péripéties, plusieurs ont été sauvés[2]. Une importante collection de ces écrits se trouve à la Bibliothèque de l'Institut de France ; divers feuillets, dérobés par Libri et vendus par lui à Lord Ashburnam, sont devenus, grâce à M. Léopold Delisle, la propriété de la Bibliothèque nationale ; d'autres manuscrits se trouvent en Italie ; parmi ceux-ci, une place de choix doit être réservée au registre que la Bibliothèque Ambrosienne de Milan garde sous le nom de *Codex Atlanticus*.

Sous les auspices du ministère de l'Instruction publique et grâce aux soins minutieux de M. Ch. Ravaisson-Mollien, tous les manuscrits de Léonard de Vinci existant en France ont été publiés. Cette admirable collection donne, en six volumes in-folio[3], le *fac-simile* photographique de chacun des feuillets noircis par Léonard, la transcription des phrases qui y sont tracées et leur traduction en français.

Le gouvernement italien a entrepris de publier, sous une forme encore plus luxueuse, tous les papiers de Léonard que possède l'Italie ; de cette collection un premier volume a paru[4]. On ne saurait se défendre d'une curiosité émue en feuilletant ces notes laissées par Léonard de Vinci ; toutes les pensées, toutes les images qui se sont présentées à l'esprit du grand artiste se retrouvent là, témoignant, par leur diversité et leur désordre même, du génie universel qui les a conçues.

Des dessins innombrables, à la plume ou à la sanguine, représentant des figures d'hommes ou d'animaux, des feuillages, des églises, des machines, des plans de monuments ou de forteresses, des vagues ou des ressauts de cours d'eau, des croquis géométriques, s'enchevêtrent avec les lignes serrées d'une écriture droite, régulière, tracée de droite à gauche.

La variété est extrême des sujets auxquels se rapportent ces lignes. Comptes domestiques, recettes de peintre, souvenirs personnels, anecdotes au gros sel gaulois, pièces de vers, voisinent avec des réflexions profondes sur les arts et les sciences ; ces réflexions elles-mêmes tantôt se suivent en pages nombreuses, régulières ei ordonnées, ébauche déjà presque achevée d'un traité de peinture, d'un traité d'hydraulique, d'un traité de perspective ; tantôt elles consistent en courtes phrases dont les ratures, les redites, les contradictions, les inachèvements révèlent le labeur intense du penseur à la recherche de la vérité.

Parmi ces fragments plus ou moins achevés, il en est un grand nombre qui concernent les diverses branches de la Mécanique, science que Léonard cultivait avec passion. « La mechanica, disait-il[5], e il paradiso delle scientie matematiche percheche con quella si viene al frutto matematicho. »

Or, en 1797, Venturi[6] signala l'extrême importance de plusieurs de ces fragments. De leur lecture découlait cette conclusion que Léonard de Vinci, mort le 2 mai 1519, était déjà en possession de quelques-unes des grandes vérités dont on attribuait l'invention à Galilée ou à ses prédécesseurs immédiats ; de ce nombre était le célèbre Principe des vitesses virtuelles[7], devenu, depuis Lagrange, le fondement de toute la Mécanique.

Plus tard, Libri[8], par des extraits plus étendus, compléta et confirma la découverte de Venturi. Aujourd'hui qu'il nous est possible de connaître en détail une grande partie des manuscrits laissés par Léonard de Vinci, nous devons saluer en lui celui qui, poussant nos connaissances en Statique et en Dynamique au delà du point où les avaient amenées Aristote et Archimède, a déterminé la renaissance de la Mécanique.

Celui que Félix Ravaisson[9] a pu justement nommer « le grand initiateur de la pensée moderne » est, en Statique, un fidèle disciple d'Aristote ; ses pensées les plus neuves ont leur source dans la méditation des *Questions mécaniques* posées par le Stagirite.

Il admet, tout d'abord, la loi qui sert de fondement à la Statique péripatéticienne ; il l'énonce avec une grande précision[10] :

« *Première :* Si une puissance meut une corps quelque temps et quelque espace, la même puissance mouvra la moitié de ce corps dans le même temps deux fois cet espace. »

« *Deuxième* : Ou bien la même vertu mouvra la moitié de ce corps, en tout cet espace, en la moitié de ce temps. »

« *Troisième* : Et la moitié de cette vertu mouvra la moitié de ce corps, en tout cet espace, pendant le même temps. »

« *Quatrième* : Et cette vertu mouvra deux fois ce mobile, en tout cet espace, en deux fois ce temps, et mille fois ce mobile, en mille pareils temps, en tout cet espace. »

« *Cinquième* : Et la moitié de cette vertu mouvra tout ce corps, en la moitié de cet espace, en tout ce temps, et cent fois ce corps, dans le centième de cet espace, dans le même temps. »

« *Septième* : Et si deux vertus séparées meuvent deux mobiles séparés en tant de temps et tant d'espace, les mêmes vertus unies mouvront les mêmes corps unis en tout cet espace et tout ce temps, parce que les premières proportions restent toujours les mêmes. »

Cette loi paraît si essentielle à Léonard de Vinci, qu'il la formule de nouveau un peu plus loin[11] :

« *Première* : Si une puissance meut un corps en quelque espace, en quelque temps, la même puissance mouvra la moitié de ce corps dans le même temps deux fois cet espace. »

« *Seconde* : Si quelque vertu meut quelque mobile, en quelque espace, en un temps égal, la même vertu mouvra la moitié de ce mobile en tout cet espace dans la moitié de ce temps. »

« *Troisième :* Si une vertu meut un corps en quelque temps en un certain espace, la même vertu mouvra la moitié de ce corps, dans le même temps, la moitié de cet espace.... »

« *Sixième :* Si deux verius séparées meuvent deux mobiles séparés, les mêmes vertus unies mouvront, dans le même temps, les deux mobiles réunis, le même espace, parce qu'il reste toujours la même proportion. »

Toutefois, à cet énoncé, Léonard apporte maintenant une correction ; une très petite force n'imprime pas à un mobile très massif un mouvement très petit ; elle ne rébranle pas du tout. Ce résultat de nos quotidiennes expériences, tous les mécaniciens de l'antiquité et du moyen âge l'admettaient, sans l'analyser, comme une loi première de l'équilibre et du mouvement ; de là, la nécessité de compléter les énoncés précédents par les propositions que voici :

«*Quatrième :* Si une vertu meut un corps quelque temps, en quelque espace, il n'est pas nécessaire qu'une telle puissance meuve un double poids, en un double temps, deux fois cet espace ; parce qu'il se pourrait faire qu'une telle vertu ne pût pas mouvoir ce mobile. »

«*Cinquième :* Si une vertu meut un corps tant de temps, en tant d'espace, il n'est pas nécessaire que la moitié de cette vertu meuve ce même mobile dans le même temps la moitié d'un tel espace, car peut-être il ne le pourrait pas mouvoir. »

Ces restrictions annoncent l'impossibilité de certains mouvements auxquels ne répugnerait pas l'axiome d'Aristote ; elles font prévoir certains équilibres qui ne découlent pas de la Statique péripatéticienne. Nous en verrons la portée lorsque nous exposerons les idées de Léonard de Vinci touchant le mouvement perpétuel. Pour le moment, bornons-nous aux conséquences qui se tirent de l'antique Principe.

Parmi ces conséquences, il convient de citer au premier rang celle qu'Aristote avait déjà obtenue, la loi d'équilibre de la balance ou du levier ; Léonard de Vinci la formule à son tour[12] : « Cette proportion qu'aura la longueur du levier avec son contre-levier, tu la trouveras de même dans la qualité de leurs poids et, semblablement, dans la lenteur du mouvement et dans la qualité du chemin parcouru par leurs extrémités, quand ils seront parvenus à la hauteur permanente de leur pôle ». Ou bien encore[13] : « Il s'ajoute autant de poids accidentel au moteur placé à l'extrémité du levier que le mobile placé à l'extrémité du contre-levier l'excède en poids naturel ».

« Et le mouvement du moteur est plus grand que celui du mobile d'autant que le poids accidentel de ce moteur excède son poids naturel. »

Ce ne sont point là, d'ailleurs, des remarques particu-

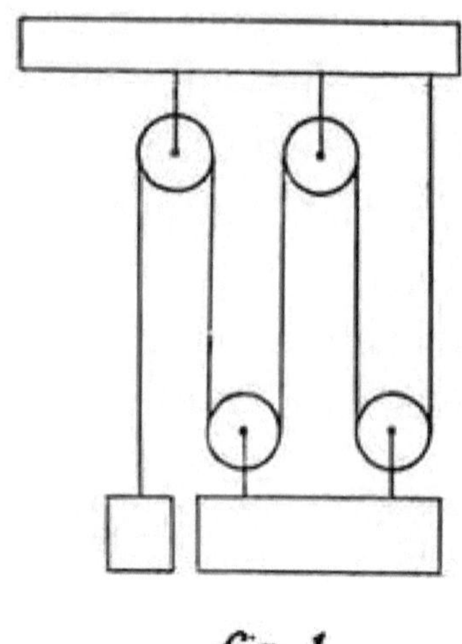

fig. 1.

lières au levier ; dans les machines les plus compliquées, l'axiome d'Aristote permet toujours de comparer la puissance du moteur à la résistance de la chose mue :

« Plus une force[14] s'étend de roue en roue, de levier en levier ou de vis en vis, plus elle est puissante et lente. »

« Si deux forces sont produites par un même mouvement et par une même force, celle qui consommera le plus de temps aura plus de puissance qu'aucune autre. Et une force sera plus faible qu'une autre d'autant que le temps de l'une entre dans celui de l'autre. »

Ces principes rendent compte très aisément des propriétés des moufles ; Léonard de Vinci expose avec la plus grande exactitude les propriétés de ces mécanismes. Voici, par exemple, une figure tracée par lui (*fig. 1*), qu'accompagnent ces réflexions[15] :

« Les puissances que les cordes interposées entre les poulies reçoivent de leur moteur sont entre elles dans la même proportion que celle qu'il y a entre les vitesses de leurs mouvements. »

« Des mouvements faits par les cordes sur leurs poulies, le mouvement de la dernière corde est dans la même proportion avec la première qu'est celle du nombre des cordes ; c'est-à-dire que si elles sont 5, la première corde se mouvant d'une brasse, la dernière se meut d'un cinquième de brasse ; et si elles sont 6, cette dernière corde aura un mouvement d'un sixième de brasse, ainsi de suite à l'infini. »

« La proportion qu'a le mouvement du moteur des poulies avec le mouvement du poids élevé par les poulies sera telle qu'a le poids élevé par ces poulies avec le poids du moteur. »

Supposons que l'on possède une cause de mouvement bien déterminée : par exemple, une quantité d'eau, immobile dans un réservoir, attendant qu'on la laisse tomber, d'une hauteur donnée, dans un bief inférieur. Cette cause de mouvement possède une puissance mécanique déterminée ; nous pourrons diversifier l'emploi de cette puissance, mais nous n'en pourrons accroître la grandeur ; nous pourrons lui faire surmonter des résistances de plus en plus grandes, mais à la condiiion qu'elle les déplace de plus en plus lentement :

« Si une roue[16] est mue à un moment par une quantité d'eau et que cette eau ne se puisse augmenter ni par courant, ni par quantité, ni par une plus grande chute, l'office de cette roue est terminé. C'est-à-dire que si une roue meut une machine, il est impossible que sans y employer une fois plus de temps, elle en meuve deux ; donc qu'elle fasse autant de besogne en une heure que deux machines avec une seconde heure ; ainsi la même roue peut faire tourner un nombre infini de machines ; mais, avec un très long temps, elles ne feront pas plus de besogne que la première en une heure. »

Un poids donné, tombant d'une hauteur donnée, produit donc un effet mécanique dont la grandeur est indépendante des circonstances qui accompagnent cette chute; cette grandeur demeure la même, que la chute s'accomplisse en une fois ou qu'elle soit fractionnée :

« Si quelqu'un descend[17] de marche en marche en faisant de l'une à l'autre un saut, et que tu additionnes toutes les puissances des percussions et poids de tels sauts, tu trouveras qu'elles sont égales à la totalité de la percussion et du poids que donnerait un tel homme tombant, par ligne perpendiculaire, de la tête au pied du dit escalier. »

Les passages que nous venons de citer renferment l'énoncé d'un principe qui est, pour l'art de l'ingénieur, d'une importance capitale ; mais ce principe n'est, en dernière analyse, que l'aboutissant logique de l'axiome posé par Aristote. Non content de faire porter des fruits aux semences déposées par la Mécanique péripatéticienne, Léonard de Vinci aborde et résout une difficulté qui avait fait hésiter le Stagirite.

L'extrémité d'un levier qui s'appuie sur un axe horizontal décrit une circonférence de cercle placée dans un plan vertical ; le chemin parcouru par cette extrémité n'est donc pas dirigé comme le poids de la charge à soulever, poids qui tire suivant une droite verticale. Il en résulte que la résistance qu'il faut surmonter pour faire tourner d'un certain angle le bras de levier dépend de la position initiale de ce bras de levier ; elle est d'autant plus grande que le levier est plus voisin de la position horizontale.

Suivant quelle loi varie la puissance ou la résistance d'une charge donnée, lorsqu'on incline le levier à l'extrémité duquel elle agit ? À cette question, Léonard de Vinci répond en ces termes[18] :

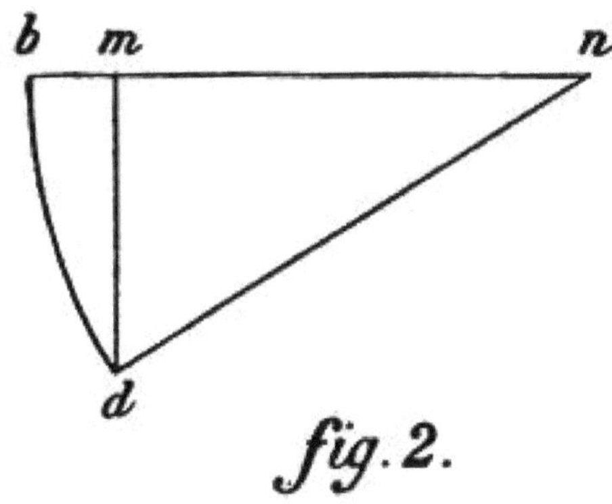

fig. 2.

« Telle est la proportion qu'a l'espace *mn* (*fig. 2*) avec l'espace *nb*, telle est celle qu'a le poids descendu en *d* avec le poids que ce *d* avait dans la position b. »

Ainsi, le grave pendu à l'extrémité d'un bras de levier incliné a même action que s'il pendait à l'extrémité d'un certain bras de levier horizontal ; celui-ci s'obtient en projetant le point d'appui sur la ligne verticale suivant laquelle le poids exerce sa traction. Ce bras de levier horizontal, Léonard le nomme le *bras de levier potentiel*.

« Toujours[19] la jonction des appendices des balances avec les bras de ces balances est un rectangle potentiel, et ne peut être réel si ces bras sont obliques[20].

« Toujours les bras réels de la balance sont plus longs que les bras potentiels, et d'autant plus qu'ils sont plus voisins du centre du monde[21].

« Et jamais[22] les bras réels de la balance n'auront en soi les bras potentiels (*fig. 3*) s'ils ne sont pas dans la position d'égalité. »

A l'extrémité d'un levier, on peut faire agir une force dont la direction soit différente de la verticale ; il suffira

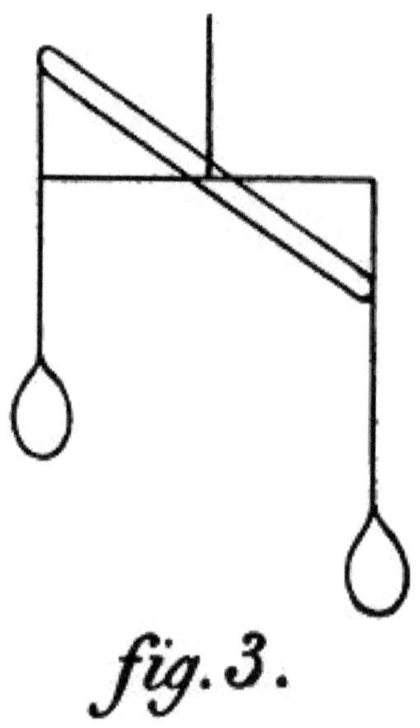

fig. 3.

d'employer une corde tendue selon cette direction, passant sur une poulie et tirée ensuite par un poids. Une règle semblable à la précédente permettra d'évaluer la puissance motrice d'un semblable engin ; voici comment Léonard énonce[23] cette règle :

« *Pour savoir à chaque degré de mouvement la qualité de la force de la puissance qui meut et de même de la chose mue* ».

« Fais donc comme tu vois (*fig. 4*) en *mn* (c'est-à-dire que de l'arrêt de la chose mue, on imagine une ligne qui coupe à angle droit la ligne de la puissance qui meut) *mn* avec *fh*. » Cette ligne *mn*, analogue au *bras de levier potentiel* considéré il y a un instant, Léonard la nomme *vrai terme* de la balance, ou encore *bras spirituel*.

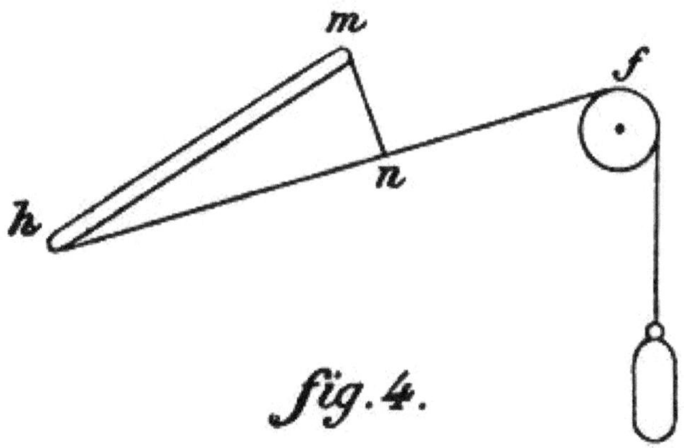

fig.4.

« Celui-là est dit[24] vrai terme de la balance, lequel joignant sa ligne droite avec la rectitude de la corde tirée par le poids, cette jonction sera faite composant l'angle

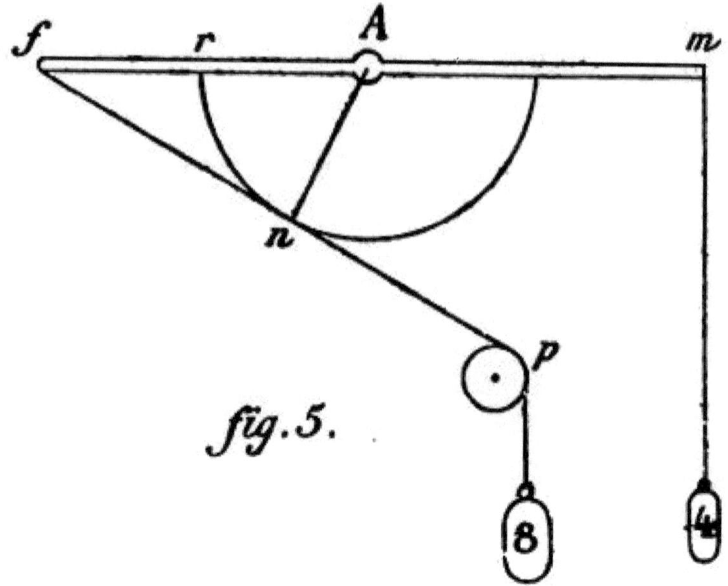

droit, comme on voit (*fig.* 5) en *s* avec *ma* et de même *pn* avec *n*A, bras spirituel. »

Lors donc qu'une force sollicite un corps mobile autour d'un axe perpendiculaire à cette force — un *circonvolubile*, selon le mot qu'emploie Léonard de Vinci — il importe peu, pour en évaluer l'effet mécanique, de rechercher le point d'application de cette force ; deux éléments seulement sont à considérer : l'intensité de la force et la plus courte distance de l'axe du circonvolubile à la direction de la force.

« Il y a toujours[25] une même puissance et résistance

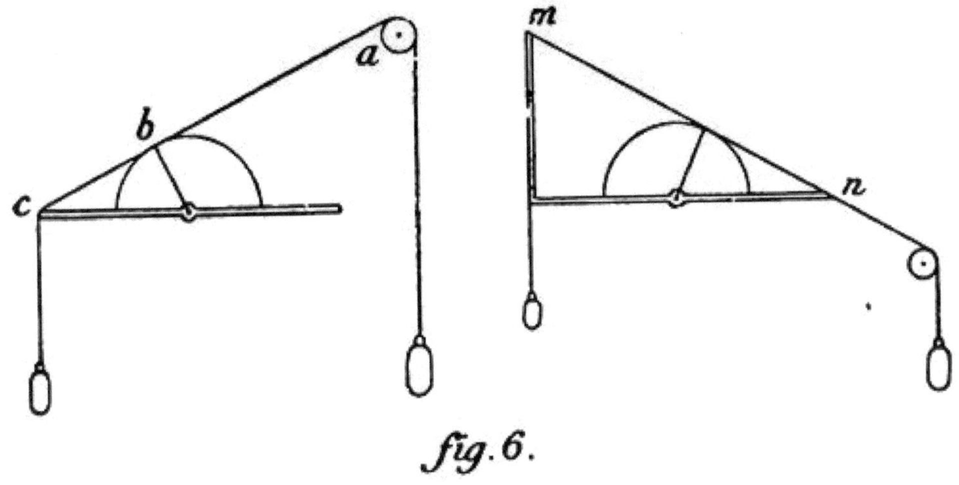

fig.6.

en quelque lieu qu'on ait attaché la corde sur la ligne *abc* (*fig. 6*) et de même en-dessus sur la ligne *mn*. »

« En quelque partie que soit liée la corde *nc* (*fig. 7*) de la partie *ac*, cela ne fait pas de différence, parce que toujours on emploie une ligne qui tombe perpendiculairement du centre de la balance à la ligne de la corde, c'est-à-dire à la ligne *mf*. »

Ces divers passages montrent que Léonard de Vinci avait conçu de la manière la plus nette la notion de *moment d'une force par rapport à un axe*, du moins dans le cas où la force est située dans un plan perpendiculaire à l'axe ; qu'il savait formuler, pour un solide mobile autour d'un axe et soumis à de semblables forces, la condition d'équilibre.

Il ne paraît pas qu'entre cette théorie des moments et l'axiome d'Aristote, il ait cherché à établir aucun lien. Un tel lien existe cependant ; la notion de moment apparaît de suite

34

si l'on prend pour mesure de la puissance motrice qu'exerce une charge pendue à l'extrémité d'un bras de levier oblique, non pas le produit de cette charge par la vitesse avec laquelle tourne l'extrémité du levier, mais le produit de cette charge par la vitesse avec laquelle

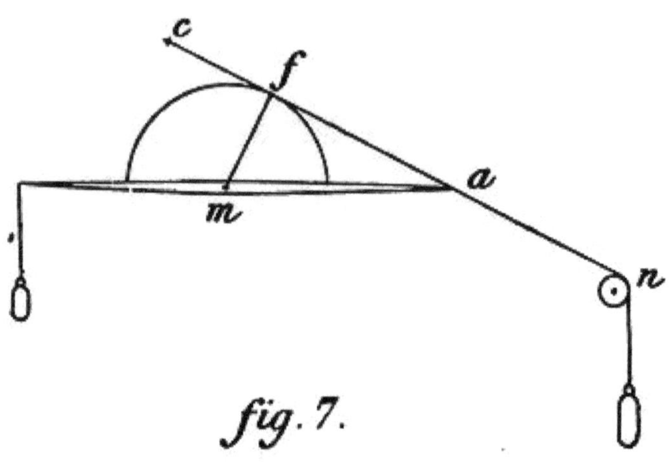

fig. 7.

elle s'abaisse. Cette modification à l'énoncé de l'axiome d'Aristote s'accorderait pleinement, d'ailleurs, avec l'idée, émise par Léonard dans un passage que nous avons cité, de prendre la hauteur de chute d'un poids pour mesure de l'effet mécanique produit. Mais pour apercevoir ce lien entre l'axiome d'Aristote et la notion de moment, il faut faire appel à la définition de la vitesse instantanée du mouvement de la charge ; or, cette notion, qui devait jouer un si grand rôle dans le développement de l'analyse infinitésimale, était encore bien confuse dans l'esprit de Léonard et de ses contemporains.

S'il est un problème mécanique qui se soit souvent présenté aux méditations du grand peintre, c'est assurément l'étude du poids d'un grave qui glisse sur un plan incliné ; on ne peut feuilleter ses manuscrits sans rencontrer à chaque instant, avec de menues variantes, un même dessin : sur une poulie, une corde est tendue par deux poids qui glissent sur deux plans inégalement inclinés.

La recherche des lois qui président à l'équilibre d'un tel mécanisme a certainement sollicité les efforts incessants de Léonard ; d'emblée, il a reconnu qu'un poids glissant sur un plan incliné tire sur la corde qui le soutient moins fort que s'il descendait en chute libre et d'autant moins fort que le plan est moins incliné ; mais ce renseignement qualitatif ne saurait satisfaire le géomètre, qui exige une relation quantitative.

Pour obtenir cette relation, Léonard de Vinci multiplie et varie les tentatives ; en voici une qui, par des considérations quelque peu étranges, lui donne un résultat qui approche de la vérité.

Il se propose de comparer les vitesses avec lesquelles une même sphère tombe sur des plans diversement inclinés. Il remarque que lorsque la sphère est en équilibre sur le plan horizontal, le centre de cette sphère est sur la verticale du point par où elle touche le plan ; la distance du centre de gravité à cette verticale croît avec l'inclinaison du plan et, en même temps, croît la vitesse avec laquelle la sphère, livrée à elle-même, descend ce plan. Il suppose, dès lors, qu'il y a proportionnalité entre la vitesse de la descente et la distance du centre de gravité à la verticale du point d'appui ; de là, il tire sans peine cette conclusion : la vitesse avec laquelle une sphère tombe sur un plan incliné est à sa vitesse en chute libre dans le même rapport que la hauteur de chute à la longueur de la ligne de plus grande pente décrite par le mobile. D'ailleurs, pour Léonard de Vinci comme pour Aristote, l'intensité d'une action mécanique est proportionnelle à la vitesse qu'elle communique à un mobile donné ; le rapport précédent est donc égal au rapport du poids de la sphère descendant le plan incliné à son poids en chute libre.

Voici le passage[26] où est résumée cette curieuse solution :

« Le corps sphérique et pesant prendra un mouvement plus rapide d'autant que son contact avec le lieu où il court sera plus éloigné de la perpendiculaire de sa ligne centrale. Autant *ab* (*fig. 8*) est moins long que *ac*, autant la balle tombera plus lentement par la ligne *ac*, et d'autant plus lentement que la partie *o* est plus petite

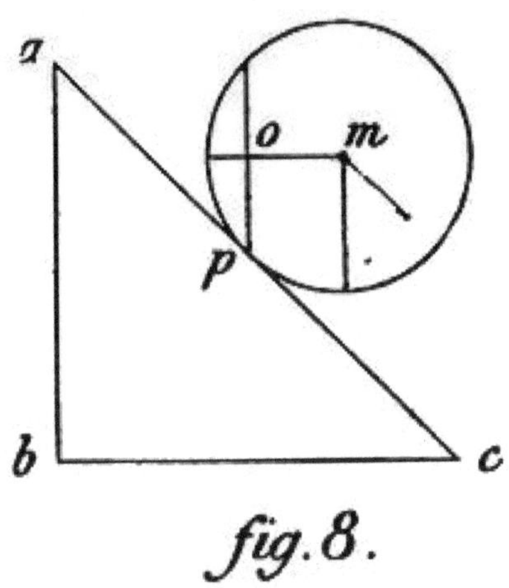

fig.8.

que la partie *m*, parce que *p* étant le pôle de la balle, la partie *m* étant au-dessus de *p* tomberait avec un mouvement plus rapide, s'il n'y avait pas ce peu de résistance que lui fait en contre-poids la partie *o* ; et s'il n'y avait pas le dit contre-poids, la balle descendrait par la ligne *ac* d'autant plus vite que *o* entre en *m*, c'est-à-dire que si la partie *o* entre dans la partie *m* cent fois, la partie *o* manquant toujours dans la rotation de la balle, elle descendrait plus vite du centième du temps ordinaire sur *n* et la ligne centrale ; et *p* est le pôle où la balle touche son plan, et plus il y a d'espace entre *n* et *p*, plus sa course est rapide. »

Léonard ne pouvait se déclarer satisfait d'une telle méthode ; il tenta donc d'aborder par une voie plus rationnelle le problème du plan incliné.

Il reconnut que le poids qui sollicite le mobile vers le centre du monde pouvait être décomposé en deux forces, l'une normale au plan incliné sur lequel glisse le grave, l'autre tangente à ce plan ; c'est cette dernière qui entraîne le mobile :

« *Le grave uniforme qui descend obliquement*, dit-il[27],

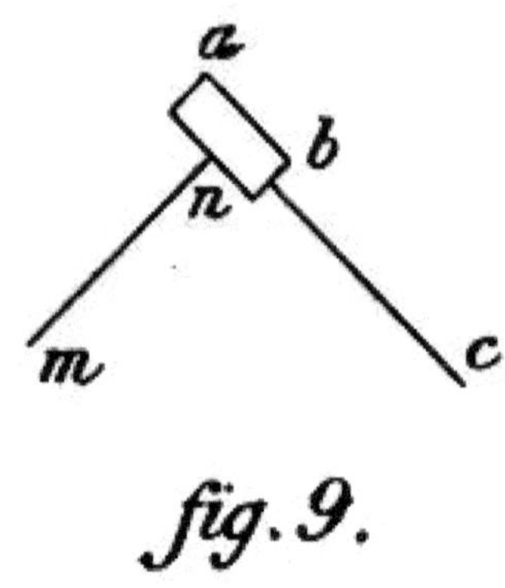

fig. 9.

divise son poids en deux aspects différents. On le prouve. Soit *ab* (*fig. 9*) mobile selon l'obliquité *abc* ; je dis que le poids du grave *a b* partage sa gravité en deux aspects, c'est-à-dire selon la ligne *b c* et selon la ligne *n m* ; pourquoi et combien le poids est plus grand pour l'un que pour l'autre aspect et quelle obliquité est celle qui partage les deux poids en égale partie, sera dit dans le livre *Des poids.* »

Cette décomposition devra être employée en des circonstances variées. Si, par exemple, un poids, pendu par une corde à l'extrémité d'un bras de levier, oscille à la manière d'un pendule, il ne pèsera à chaque instant sur le levier que par la composante verticale de son poids ; il paraîtra donc d'autant moins lourd que la corde à laquelle il est suspendu sera plus éloignée de la verticale[28].

De même, un grave soutenu par deux cordes divergentes partage son poids entre ces deux cordes.

Suivant quelle règle se fait la décomposition d'un poids en deux directions différentes ? Il ne paraît pas que Léonard ait soupçonné la règle du parallélogramme des forces dont dépend la solution du problème posé ; à plusieurs reprises, il énonce une solution erronée. Voici un passage[29] où cette solution erronée est très explicitement formulée :

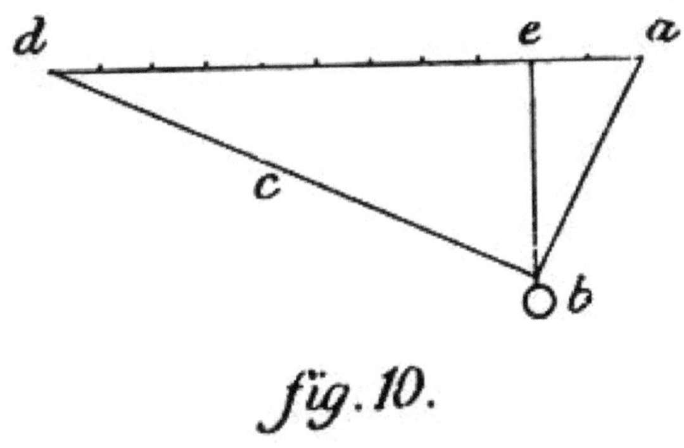

fig. 10.

« Le poids qui se suspend dans l'angle donnera de soi des poids aux côtés de cet angle qui seront entre eux dans la même proportion qu'est celle de l'obliquité de leurs côtés. Ou : un tel poids se distribuera entre ses supports dans la même proportion qu'est celle des deux angles nés de la division de l'angle où se soutient ce poids, division d'angle qui se fait par la droite qui descend dans le centre du grave suspendu ; ainsi l'angle *abd* (*fig. 10*) étant coupé par la ligne *eb* et l'angle *ebd* étant les $\frac{9}{11}$ de l'angle *abc*, l'angle *abe* est les $\frac{2}{11}$; *ab* sont les $\frac{9}{11}$ du poids et *db* les $\frac{2}{11}$. »

Cette règle pour décomposer un poids selon deux directions se trouve répétée en un autre passage[30] :

« Si l'angle créé par le concours fait par deux cordes obliques qui descendent à la suspension d'un grave est partagé par la ligne centrale du grave, alors cet angle est partagé en deux parties entre lesquelles il y aura la même proportion qu'est celle en laquelle ledit grave se partage entre les deux cordes. »

La figure jointe à cet énoncé nous montre qu'en ce passage comme au précédent, Léonard prend pour rapport des deux angles partiels qu'il considère le rapport des longueurs qu'ils interceptent sur une même horizontale ; en d'autres termes, le rapport des *tangentes trigonométriques* de ces angles.

Parfois[31], d'ailleurs, une règle analogue lui semble définir les rapports de deux poids soutenus par deux plans inégalement inclinés et tirant les deux extrémités d'une corde qui s'enroule sur une poulie ; il pense que ces poids doivent être en raison inverse des obliquités de ces plans, et il prend pour rapport de ces obliquités le rapport des tangentes des angles faits avec l'horizon.

Léonard s'en est-il constamment tenu à cette règle inexacte sur la décomposition des forces ? Il est probable qu'il ne s'en est pas contenté ; que son esprit, toujours en travail, a cherché mieux, et il semble qu'il ait, sur ce point, entrevu la vérité ; c'est, du moins, ce que nous croyons pouvoir conclure d'une note[32], sommaire et inachevée, que nous allons analyser. Sur une poulie, mobile autour de l'axe *d* (*fig.* 11), s'enroule une corde *pmonq* que tendent les deux poids *p* et *q* ; ceux-ci glissent sur deux plans inégalement inclinés *da, dc* ; les deux brins *mp, nq* de la corde sont tendus de telle sorte qu'ils soient respectivement parallèles aux plans *da, dc*. De plus, la figure est faite de telle sorte que la projection *de* du rayon *dn* sur l'horizontale *hf* soit les deux tiers du rayon de la poulie, tandis que la projection *dg* de *dm* sur l'horizontale *hf* vaut un tiers du

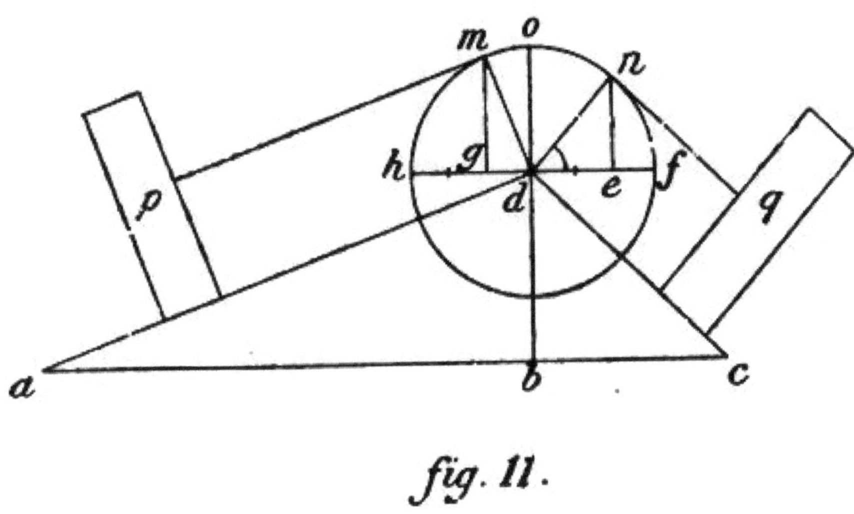

fig. 11.

même rayon. Il s'agit d'évaluer la composante du poids *q* suivant *nq* ou *dc* et la composante du poids *p* suivant *mp* ou *da* ; voici, au sujet de cette évaluation, ce qu'écrit Léonard :

« Le poids *q*, à cause de l'angle droit *n*, au-dessus de *df*, pèse les deux tiers de son poids naturel qui était trois livres, qui reste en puissance de deux livres ; et le poids *p* qui, lui aussi, était trois livres, reste en puissance d'une livre, à cause

42

de *m* rectangle au-dessus de la ligne *hd*, au point *g* ; donc nous avons ici deux livres contre une livre ».

Quel principe dicte à Léonard de Vinci cette affirmation exacte ? Il est difficile de le déclarer avec une entière certitude. Toutefois, les lignes que nous venons de citer nous semblent indiquer que la règle à laquelle il est fait appel, d'une manière plus ou moins consciente, est non point la règle du parallélogramme des forces, mais bien cette proposition, qui lui est équivalente : le moment d'une résultante de deux forces est égal à la somme des moments des composantes.

Léonard était-il donc parvenu à la connaissance de cet important théorème ? Dans ceux de ses manuscrits qui ont été publiés, nous n'en avons relevé aucune trace autre que celle qui vient d'être relatée. Les manuscrits encore inédits, ceux, en particulier, qui composent le célèbre *Codex Atlanticus*, renferment-ils des passages capables de confirmer cette opinion ? Il est permis de l'espérer et, partant, de souhaiter la prompte publication de ces précieuses reliques.

1. ⊥ Libri, *Histoire des Sciences mathématiques en Italie*, depuis la Renaissance des Lettres jusqu'à la fin du XVIIe siècle. Paris, 1840, t. III, p. 11.
2. ⊥ On trouvera l'histoire détaillée de ces manuscrits en tête du premier volume de la belle publication de M. Charles Ravaisson-Mollien : *Les Manuscrits de Léonard de Vinci*. Paris, A. Quantin, 1881.
3. ⊥ *Les Manuscrits de Léonard de Vinci*, publiés par Ch. Ravaisson-Mollien. Paris, A. Quantin, t. I (1881) : Ms. A. de la Bibliothèque de l'Institut ; t. II (1883) : Ms. B de la Bibliothèque de l'Institut ; t. III (1888) : Mss. C, E et K de la Bibliothèque de l'Institut ; t. IV (1889) : Mss. F et I de la Bibliothèque de l'Institut ; t. V (1890) : Mss. G, L et M de la Bibliothèque

de l'Institut ; t. VI (1891) : Ms. H de la Bibliothèque de l'Institut et Mss. n° 2037 et n° 2038 italiens de la Bibliothèque nationale (Acq. 8070, Libri).

4. ↑ *I Manoscritti di Leonardo da Vinci. Codice sul volo degli uccelli e varie oltre materie.* Publicato da Teodoro Sabachnikoff. Transcrizioni e note di Giovanni Piumati. Traduzione in lingua francese di Carlo Ravaisson-Mollien. Parigi, Edoardo Rouveyre, editore, MDCCCXCIII.

5. ↑ « La Mécanique est le paradis des sciences mathématiques, car c'est par elle que ces sciences atteignent le fruit mathématique » *(Les Manuscrits de Léonard de Vinci,* publiés par Ch. Ravaisson-Mollien ; Ms. E de la Bibliothèque de l'Institut, fol. 8, verso. Paris, 1888).

6. ↑ Venturi, *Essai sur les ouvrages de Léonard de Vinci.* Paris, 1797.

7. ↑ Venturi, *loc. cit.,* pp. 17 et 18.

8. ↑ *Histoire des Sciences mathématiques en Italie,* depuis la Renaissance des lettres jusqu'à la fin du XVIIe siècle, t. III, pp. 10-60. Paris, 1840.

9. ↑ Félix Ravaisson, *La Philosophie en France au XIXe siècle,* p. 5 *Recueil de Rapports sur les progrés des lettres et des sciences,* 1868).

10. ↑ *Les Manuscrits de Léonard de Vinci,* publiés par Charles Ravaison-Mollien ; Ms. F de la Bibliothèque de l'Institut, fol. 26, recto. Paris, 1889.

11. ↑ *Les Manuscrits de Léonard de Vinci,* publiés par Ch. Ravaisson-Mollien ; Ms. F de la Bibliothèque de l'Institut, folio 51, verso. Paris, 1880.

12. ↑ *Les Manuscrits de Léonard de Vinci,* publiés par Ch. Ravaisson-Mollien ; Ms. A de la Bibliothèque de l'Institut, fol. 45, recto. Paris, 1881.

13. ↑ *Les Manuscrits de Léonard de Vinci,* publiés par Ch. Ravaisson-Mollien ; Ms. E de la Bibliothèque de l'Institut, fol. 38, verso. Paris. 1888.

14. ↑ *Les Manuscrits de Léonard de Vinci,* publiés par Ch. Ravaisson-Mollien ; Ms. A de la Bibliothèque de l'Institut, fol. 33, verso ; en titre : *De la disposition de la force pour bien tirer et pousser.* Paris, 1881.

15. ↑ *Les Manuscrits de Léonard de Vinci,* publiés par Ch. Ravaisson-Mollien ; Ms. E de la Bibliothèque de l'Institut, fol. 20, recto. Paris, 1883.

16. ↑ *Les Manuscrits de Léonard de Vinci,* publiés par Ch. Ravaisson-Mollien ; Ms. A de la Bibliothèque de l'Institut, fol. 30, recto. Paris, 1881.

17. ↑ *Les Manuscrits de Léonard de Vinci,* publiés par Ch. Ravaisson-Mollien ; Ms. I de la Bibliothèque de l'Institut, fol. 14, verso. Paris, 1889.

18. ↑ *Les Manuscrits de Léonard de Vinci,* publiés par Ch. Ravaisson-Mollien; Ms. E de la Bibliotèque de l'Institut, fol. 72, verso. Paris, 1883.

19. ↑ *Les Manuscrits de Léonard de Vinci,* publiés par Ch. Ravaisson-Mollien ; Ms. E de la Bibliothèque de l'Institut, fol. 64, recto. Paris, 1888.

20. ↑ Le texte dit, par erreur, *ne sont pas obliques.*

21. ↑ C'est-à-dire *plus voisins de la verticale.*

22. ↑ *Léonard de Vinci, ibid.*, fol. 63, verso.

23. ↑ *Les Manuscrits de Léonard de Vinci*, publiés par Ch. Ravaisson-Mollien ; Ms. I de la Bibliothèque de l'Institut, fol. 30, recto. Paris, 1889.

24. ↑ Les Manuscrits de Léonard de Vinci, *publiés par Ch. Ravaisson-Mollien ; Ms. M de la Bibliothèque de l'Institut, fol. 40, recto. Paris, 1890.*

25. ↑ *Les Manuscrits de Léonard de Vinci*, publiés par Ch. Ravaisson-Mollien ; Ms. M de la Bibliothèque de l'Institut, fol. 50, recto et verso. Paris, 1890.

26. ↑ *Les Manuscrits de Léonard de Vinci*, publiés par Ch. Ravaisson-Mollien ; Ms. A. de la Bibliothèque de l'Institut, fol. 52, recto. Paris, 1881.

27. ↑ *Les Manuscrits de Léonard de Vinci*, publiés par Ch. Ravaisson-Mollien ; Ms. G de la Bibliothèque de l'Institut, fol. 75, recto. Paris, 1890. Cf. *Ibid.*, fol. 76, verso.

28. ↑ *Les Manuscrits de Léonard de Vinci*, publiés par Ch. Ravaisson-Mollien ; Ms. G de la Bibliothèque de l'Institut, fol. 76, verso ; fol. 77, recto. Paris, 1890.

29. ↑ *Les Manuscrits de Léonard de Vinci*, publiés par Ch. Ravaisson-Mollien ; Ms. E de la Bibliothèque de l'Institut, fol. 6, recto. Paris. 1888.

30. ↑ *Les Manuscrits de Léonard de Vinci*, publiés par Ch. Ravaisson-Mollien ; Ms. G. de la Bibliothèque de l'Institut, fol. 39, verso. Paris, 1890.

31. ↑ *Les Manuscrits de Léonard de Vinci*, publiés par Ch. Ravaisson-Mollien ; Ms. G. de la Bibliothèque de l'Institut, fol. 1, verso. Paris, 1888.

32. ↑ *I Manoscritti di Leonardo da Vinci. Codice sul volo degli uccelli e varie altre materie.* Publicato da Teodoro Sabachnikoff. Transcrizioni e note di Giovanni Piumati. Traduzione in lingua francese di Carlo Ravaisson-Mollien. Parigi, Edoardo Rouveyre, editore, MDCCCXCIII, fol. 4, recto.

CHAPITRE III

JÉRÔME CARDAN

(1501-1576)

Lorsque, en 1797, Venturi eut annoncé que l'on retrouvait, dans les manuscrits de Léonard de Vinci, quelques-unes des lois essentielles de la Mécanique moderne, la surprise de plusieurs géomètres dut se mêler d'un regret. Sur certains points, le grand peintre avait devancé Galilée d'un siècle. S'il avait pu, de son vivant, publier le *Traité du mouvement* et le *Traité des poids* qu'il préparait ; si du moins, à défaut de cette publication, les fragments qu'il laissait avaient pu être connus aussitôt après sa mort, quelle impulsion aurait reçue l'étude de la Mécanique ! Galilée, Simon Stevin, Descartes, eussent, au début de leurs travaux, trouvé cette science plus avancée d'un stade sur le chemin du progrès ; par un effort égal à celui qu'ils ont donné, ils eussent pu la mener plus loin qu'ils ne l'ont réellement conduite ; tout le développement des sciences positives en eût été hâté. Ainsi l'oubli, à jamais déplorable, dans lequel sont demeurées, pendant des siècles, les pensées de Léonard de Vinci touchant les principes de la Mécanique a imposé à la marche de l'esprit humain un irrémédiable retard.

Ce retard ne s'est pas produit. Dès le milieu du XVIᵉ siècle, les idées les plus essentielles de Léonard de Vinci touchant la Statique et la Dynamique furent connues de ceux qui s'intéressaient à ces sciences ; dans le pillage auquel furent livrées les notes manuscrites du grand artiste, les géomètres et les mécaniciens firent un ample butin ; sans révéler au public la source de leurs richesses, ils les étalèrent dans leurs écrits ; heureux larcin, qui accrut, il est vrai, d'une façon imméritée la gloire de certains auteurs, mais qui, du moins, exhuma et remit en circulation une partie des trésors amassés par Léonard !

Parmi ceux qui s'emparèrent, pour les ordonner, les commenter et les développer, des pensées de Léonard de Vinci, il convient de citer en première ligne Jérôme Cardan ; il ne fut pas seul, d'autres le précédèrent ou l'imitèrent ; c'est ainsi, pour ne donner qu'un exemple, que nous retrouvons l'influence de Léonard dans les écrits de Jean-Baptiste Benedetti ; mais Cardan fut des premiers à publier les résultats les plus essentiels qu'eût obtenus le grand peintre en méditant sur la Mécanique ; sa grande notoriété, l'ample diffusion de ses ouvrages, les firent connaître partout ; c'est par les écrits de Cardan que les idées de Léonard parvinrent à Galilée, à Kepler, à Simon Stevin et qu'elles exercèrent, sur le développement de la Mécanique, une puissante et bienfaisante influence.

L'opinion que nous venons d'émettre a, pour l'histoire de la Mécanique, de graves conséquences[1]. Elle nous montre dans les écrits de Léonard et de Cardan le canal par où la Mécanique péripatéticienne, après avoir longtemps dormi dans le bassin où l'enfermaient les commentateurs scolastiques, s'est répandue dans la science moderne pour la féconder. Si cette opinion est exacte, elle est appelée à jeter un grand jour sur l'évolution qui a dépouillé de leur écorce archaïque les germes contenus dans la science de l'École et leur a fait produire la science du XVIIe siècle. Il importe donc de l'étayer de solides arguments.

Que les manuscrits de Léonard de Vinci aient été, au milieu du XVIe siècle, en butte à un véritable pillage, c'est un fait malheureusement trop certain ; on connaît la négligence avec laquelle s'acquittèrent de leur mission ceux qui avaient la garde de ce précieux dépôt : « Non seulement les ouvrages rédigés par le grand peintre ont péri, dit Libri[2], mais on a perdu aussi la plupart des livres où il écrivait ses notes. Après sa mort, tous ses manuscrits, ses dessins et ses instruments devinrent la propriété de François Melzi, son élève, à qui il les avait légués. Melzi, qui n'était qu'un amateur, plaça ce précieux héritage dans sa maison de Vaprio près de Milan ; ses descendants n'en tinrent aucun compte et un certain Lelio Gavardi, parent d'Alde Manuce le jeune, et précepteur dans cette famille, ayant remarqué qu'on laissait perdre cette belle collection, déroba treize de ces manuscrits, et les porta en Toscane pour les vendre au grand-duc François Ier ; mais ce prince venait de mourir, et ils furent déposés à Pise chez Alde, qui les montra à son ami Mazenta. Celui-ci désapprouva fortement la conduite de Gavardi qui, honteux de sa mauvaise action, le chargea de rapporter à Milan et de restituer ces manuscrits aux Melzi. Horace, alors chef de cette famille, ignorant la valeur de ces treize volumes, en fit cadeau à Mazenta et lui dit qu'on avait oublié dans un coin de sa maison de Vaprio beaucoup d'autres dessins et manuscrits de Léonard. Plusieurs amateurs obtinrent ensuite les dessins, les instruments, les préparations anatomiques, enfin tout ce qui restait du cabinet de Léonard. Pompée Leoni, sculpteur au service de Philippe II, fut des mieux partagés... »

Ainsi, dans le trésor amassé par le génie de Léonard, chacun fouillait à sa guise et prenait ce qui lui plaisait. Les traités étaient retenus par ceux qui y prenaient intérêt, ou circulaient de main en main jusqu'à ce qu'ils fussent égarés. Nous savons par Pacioli[3] que Léonard avait complètement achevé la rédaction de son *Traité de peinture* ; Vasari, dans ses *Vies des meilleurs peintres, sculpteurs et architectes*[4], raconte avoir vu ce traité autographe entre les mains d'un peintre milanais, qui voulait le faire imprimer à Rome. Léonard avait également achevé la rédaction d'un *Traité de perspective* ; Cellini, dans l'ouvrage qu'il publia à Florence, en 1568, sur le même sujet, dit à plusieurs reprises qu'il avait en mains ce Traité, qu'il l'avait prêté à Sarlio, et que celui-ci en avait tiré ce qu'il y a de mieux dans son ouvrage.

De ces Traités de Léonard, des copies, des extraits plus ou moins fidèles, circulaient en Italie et hors de l'Italie ; c'est d'après une telle copie, envoyée par Del Pozzo, que Du Fresne, en 1651, fit imprimer à Paris le *Traité de la Peinture*. Une autre copie, plus complète, conservée à la

Bibliothèque Vaticane, permit à Manzi d'en donner, en 1817, une édition moins appauvrie.

Les peintres et les dessinateurs savaient quel profit ils pourraient tirer du pillage des manuscrits de Léonard ; les mécaniciens n'étaient guère moins avertis. Au XVIe siècle, les machines qu'il avait inventées étaient encore en usage et gardaient le nom de leur auteur[5]. Ceux donc qui s'intéressaient à la théorie de l'équilibre et du mouvement étaient assurés de découvrir un riche butin d'idées neuves dans la collection que l'incurie des Melzi livrait aux déprédations.

A Milan, non loin de la maison de Vaprio qui gardait si mal ce trésor, vit Jérôme Cardan. Jérôme Cardan est un de ces esprits universels que produisait l'Italie, merveilleusement féconde, du XVe et du XVIe siècle ; comme Léonard de Vinci avant lui, comme Galilée après lui, il semble apte à comprendre toutes les sciences et à les perfectionner toutes. Médecin de grand renom, il s'adonne à l'algèbre et fait faire à la théorie des équations des progrès considérables. Il unit, d'ailleurs, en de prodigieuses inconséquences, les idées les plus audacieuses et les superstitions les plus puériles. L'astrologie et la divination des songes ne l'occupent guère moins que la saine physique et la rigoureuse arithmétique.

Son respect de la richesse intellectuelle d'autrui ne va pas jusqu'au scrupule ; il ne rougit pas de grossir le bagage de ses propres découvertes en y glissant quelques emprunts faits à la science de ses contemporains. Un exemple en fait foi.

Excité par une question d'Antoine Fiore, qui tenait de Ferro de Bologne une méthode pour résoudre une équation du troisième degré. Tartaglia[6] parvint à résoudre toutes les équations de cet ordre. Sa découverte, qu'il cachait soigneusement, afin de pouvoir porter de sûrs défis à ses émules — comme un bretteur garde une botte secrète — finit néanmoins par transpirer. Cardan s'y intéressa vivement. A plusieurs reprises, il sollicita et fit solliciter Tartaglia pour qu'il lui communiquât sa méthode. Après avoir essuyé plusieurs refus, il obtint une pièce de vers où était expliqué le moyen d'avoir une racine de toute équation du troisième degré. Pour obtenir ce renseignement, il n'avait pas hésité à engager sa foi de chrétien et sa parole de gentilhomme que jamais il ne publierait la méthode dont il demandait à Tartaglia la révélation : « Io vi giuro, lui écrivait-il, *ad sacra Dei evangelia*, et da real gentil'huomo, non solamente di non publicar giammai tale vostra inventione, se me le insignate... » Quand il connut la solution si ardemment souhaitée, il s'empressa de la publier dans son *Ars Magna*. Tartaglia se plaignit vivement du parjure grâce auquel sa découverte paraissait pour la première fois dans le livre d'autrui. « Il avait raison de se plaindre, dit Libri, car la postérité s'est obstinée à appeler du nom de Cardan la formule qui donne la résolution des équations du troisième degré. » Cardan, cependant, avait reconnu la priorité de Tartaglia, ainsi que de ses prédécesseurs Scipion Ferro et Antoine Fiore ; de Ferro, Tartaglia ne cita pas même le nom, lorsqu'à son tour il publia sa solution. Les géomètres du XVIe siècle avaient l'amour-propre irritable lorsqu'on s'emparait de leurs propres découvertes, mais la conscience large lorsqu'ils empruntaient les découvertes d'autrui.

On imaginerait difficilement que Cardan, si avide de connaître la trouvaille de Tartaglia et si prompt, malgré ses serments, à en orner son livre d'Algèbre, n'eût pas éprouvé la curiosité de connaître les pensées de Léonard de Vinci sur la Mécanique et la Physique et, les ayant connues, qu'il eût résisté à la tentation d'en glaner quelques-unes pour nourrir ses propres méditations. Il n'y résista pas.

En 1551, Cardan publiait ses vingt et un livres *sur la Subtilité*[7] ; une seconde édition[8] latine de cet ouvrage, plus complète que la première, paraissait dès 1554 et, en 1556, était traduite en français par Richard le Blanc[9] ; les éditions françaises ou latines de cet ouvrage se succédaient, nombreuses, pendant la seconde moitié du XVIe siècle[10]. A cet écrit, Cardan joignit plus tard son *Opus novum de proportionibus*[11]. Toute la Mécanique contenue en ces deux ouvrages porte, encore reconnaissable, la marque de Léonard.

Entre la Statique de Léonard et la Statique de Cardan, la concordance est incessante ; la seconde n'est guère qu'une rédaction mieux ordonnée de la première ; mais il serait oiseux de nous appesantir sur cette concordance ; la lecture des pages qui vont suivre la fera clairement apparaître.

Comme on le verra au Chapitre IV, Léonard de Vinci et Cardan ne s'accordent pas moins exactement en ce qui touche l'impossibilité du mouvement perpétuel.

L'harmonie entre eux est parfaite au sujet des principes de la Dynamique ; et elle est d'autant plus significative que leurs opinions sur diverses questions de Dynamique ont une forme très particulière que l'on ne trouve guère chez leurs prédécesseurs ou leurs contemporains.

Nous espérons qu'il nous sera donné, quelque jour, de retracer les origines de la Dynamique, comme nous retraçons aujourd'hui les origines de la Statique ; ce sera le lieu d'analyser en détail la Dynamique de Léonard de Vinci et de Cardan et l'influence qu'elle a eue sur le développement de la Mécanique rationnelle. Nous verrons alors la doctrine du médecin milanais s'inspirer jusque dans les moindres détails des pensées éparses dans les manuscrits du grand peintre.

Les emprunts faits par Cardan à la Physique de Léonard de Vinci sont moins nombreux, non pas que l'on n'en puisse reconnaître quelques-uns : ainsi Cardan, voulant expliquer comment on peut allumer du feu au foyer d'un miroir concave, dit[12] : « Le feu qui est engendré des miroirs caves ou élevés en rotondité claire, appartient manifestement à la coïtion. Et la raison de coïtion n'est obscure, car si tu distribues dix deniers à dix hommes, chacun aura un denier ; si tu les distribues à cinq, chacun aura deux deniers. Si donc la chaleur qui est éparsée en grand espace est assemblée, tout ce qui était de chaleur en ce grand espace sera au petit ; pourtant ceste grande chaleur assemblément contenue en ce petit espace produira de grans effects, dont méritera estre dite grande, et pour ce le feu sera engendré. » — Or Léonard de Vinci avait écrit[13] : « *De la qualité du chaud produit par les rayons du soleil dans le miroir.* Le chaud du soleil qui se trouvera à la surface du miroir concave sera réparti entre les rayons pyramidaux concourants à un seul point ; autant de fois ce point entrera dans la surface, autant de fois il sera plus chaud que le chaud qui se trouve sur le miroir ; aussi autant *ab* ou, si tu veux, *cd*[14], entre dans le miroir, autant de fois sa chaleur sera plus puissante que celle du miroir. » Il avait encore écrit ailleurs ce passage[15] : « *Une même vertu est d'autant plus puissante qu'elle occupe une plus petite place.* Ceci s'entend pour la chaleur, pour la percussion, pour le poids, pour la force et pour beaucoup d'autres choses. »

« Nous parlerons d'abord de la chaleur du soleil, qui s'imprime dans le miroir concave et en est réfléchi en figure pyramidale, pyramide qui acquiert proportionnellement d'autant plus de puissance qu'elle se resserre plus. C'est à dire que si la pyramide frappe l'objet avec moitié de sa longueur, elle resserre la moitié de son épaisseur dans le bas ; et si elle frappe aux 99 centièmes de sa longueur, elle se resserre des 99 centièmes de sa base et croît des 99 centièmes de la chaleur que reçoit la base de la dite chaleur du soleil ou du feu. »

On peut rapprocher également, quoique d'une manière moins intime, la réponse donnée par Cardan[16] à cette question : « Comment sont causées les couleurs de l'arc céleste dit *Iris* » avec ce que Léonard a écrit de l'arc-en-ciel[17].

Mais, en une foule d'occasions, Cardan n'hésite pas à s'écarter de son illustre devancier ; au sujet des marées, de la scintillation des étoiles, de la suspension des nuages dans l'atmosphère, il adopte des solutions distinctes de celles qu'avait proposées Léonard ; sa théorie de la chaleur, du feu et de la force élastique des gaz est bien à lui ; et c'est peut-être la partie la plus remarquable des livres *De la Subtilité*.

Cardan ne fut donc pas un vulgaire plagiaire ; il sut extraire le suc des pensées semées par Léonard, l'assimiler, le transformer et nourrir à son tour la science du XVIe siècle d'idées qui, faute de son heureuse indiscrétion, fussent demeurées, inutiles et inconnues, ensevelies dans la maison des Melzi.

Dans le domaine même de la Mécanique, où ses emprunts à Léonard ont été particulièrement nombreux, il a su, nous l'allons voir, mettre l'empreinte de son originalité à côté du sceau du génie qu'avait imprimé son devancier.

Cardan ne dédaignait point d'exercer son talent de géomètre en des démonstrations construites à la manière d'Archimède et de combler certaines lacunes que l'illustre Syracusain avait laissées béantes. Ainsi Archimède avait toujours négligé le poids du levier ou du fléau de balance auxquels il suspendait les graves dont il étudiait l'équilibre ; Cardan se proposa de déterminer les propriétés mécaniques d'un fléau de balance horizontal, homogène, suspendu par un quelconque de ses points. C'est l'objet de l'article intitulé, dans le *De Subtilitate*[18], « *Staterae ratio* » et que son traducteur Richard Le Blanc désigne en ces termes : « La manière de la livre vulgairement dite à Paris un traîneau, de quoi coustumièrement usent les tisserans, en latin *Statera*[19]. »

Cardan fait reposer son analyse sur deux propositions prises pour axiomes. Il admet, en premier lieu, qu'un segment AB′ (*fig. 12*), égal au petit bras AB du fléau et pris sur le grand bras, fait équilibre au petit bras AB ; il admet, en second lieu, que le reste B′C du grand bras pèse comme un poids égal pendu au milieu M de B′C : « Si la livre [fléau] est estimée sans pois et, de la partie qui est la différence des longitudes depuis la chasse, un pois égal soit estendu par toute la verge, il aura égale pesanteur avec le mesme pois pendu au point distant de l'aiguille de la livre par le milieu de toute la verge. »

Ces principes donnent aisément la solution du problème posé. Ce problème, Cardan le traite derechef dans l'*Opus Novum*[20] et il parvient à cette proposition : Les pesanteurs (moments) des deux bras AB, AC du fléau sont entre elles comme les carrés des longueurs de ces deux bras.

Cardan, d'ailleurs, ne dissimule pas sa satisfaction d'avoir obtenu une telle solution : « Hoc est, dit-il[21], quod Archimedes reliquit intactum, cum esset maxime necessarium et ostendit magis abstrusa sed, pace illius dixerim, minus utilia. »

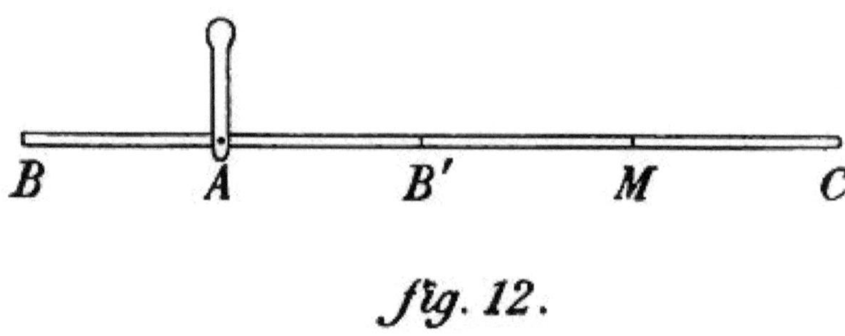

fig. 12.

Cette solution n'était peut être pas si malaisée à obtenir qu'elle méritât ce chant de triomphe ; néanmoins, elle eut, sur les raisonnements des successeurs de Cardan, une influence non douteuse. Abandonnant les *demandes* qu'Archimède avait mises à la base de ses raisonnements sur l'équilibre du levier, Simon Stevin d'une part, Galilée d'autre part, ramèneront l'étude du levier à la considération d'une verge pesante homogène, suspendue en son milieu, et cela au moyen des axiomes mêmes qu'a proposés Cardan. Or Galilée connaissait sinon l'*Opus novum*, au moins le *De Subtilitate*, qu'il cite fréquemment dans ses premiers travaux ; il serait malaisé d'admettre que Simon Stevin n'eût pris connaissance d'aucune des multiples éditions de cet ouvrage ; quant à l'*Opus novum*, le géomètre flamand le cite et le critique.

Ces démonstrations de Statique, conçues à la manière d'Archimède, ne forment point la partie la plus importante des considérations que Cardan consacre à l'équilibre des poids ; autrement graves par leur portée sont les développements qu'il donne à l'axiome d'Aristote ; enrichissant et transformant cet axiome à l'aide des pensées

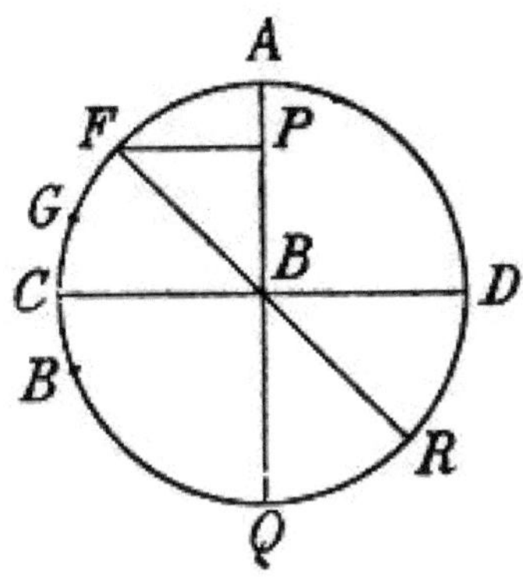

fig. 13.

que Léonard de Vinci a semées dans ses manuscrits, il en fait le Principe des vitesses virtuelles, tel que Galilée l'emploiera, tel qu'il demeurera jusqu'à Descartes.

Commençons par une citation dont nous analyserons ensuite le riche contenu. Voici comment, au premier livre du *De Subtilitate*, s'exprime Cardan[22], traduit par Richard Le Blanc : « *De la balance et de sa mesure.* Après ces choses, il faut voir des pois qui sont mis en la balence. Donques une livre [balance] soit, de laquelle la queue soit pendue en A (*fig. 13*), et la lancette où sont joints les costés de la balence soit CD... Je dis que le pois mis en C sera plus puissant que si la balance estoit mise en quelque autre lieu, à savoir qu'elle fust mise en F. Or, afin que nous cognoissions que C est plus pesant en telle situation qu'en F, il est nécessaire qu'il soit mouvé en tems égal par plus grand espace vers le centre [du monde]. Car nous voions que les choses les plus graves par pareille raison estant aus autres, sont portées plus légèrement [rapidement] au centre. Or que ceci avienne plus par le pois et par la livre plus tost colloquée en C qu'en F, je le montre par deux raisons.

« La première raison est que si en aucun tems le pois est mouvé de C en E, et que l'arc CE soit égal à FG, qu'il descendrait de F en G plus tardivement que de C en E, et ainsi il sera plus léger en F qu'en C... Il est manifeste aux balences et à ceus qui lèvent les fais, que tant plus le fais est loing de la lancette, tant plus il est pesant ; or le pois en C est loing de la lancette par la quantité de la ligne BC et en F, par la quantité de la ligne FP... Donques cette raison est générale, que tant plus les pois sont loing de la borne, ou ligne de la descente par la ligne droite ou oblique, c'est à dire par l'angle, tant plus sont pesans... Et ainsi l'intention du pois est d'estre porté droictement au centre ; mais pour ce qu'il est empesché par ligature, il est mouvé comme il peut. »

Ainsi lorsqu'un grave descend suivant la verticale, la puissance motrice de ce grave est, comme le voulait Aristote, mesurée par la vitesse avec laquelle il tombe ; mais, par l'agencement du mécanisme qui le porte, par la nature des *liaisons*, selon le mot employé par Cardan et repris par la Mécanique moderne, il peut arriver que le grave ne se meuve pas selon la verticale ; alors, pour estimer sa puissance motrice, il faudra tenir compte non pas de la vitesse totale du grave, mais seulement de la composante verticale de cette vitesse ou, en d'autres termes, de la vitesse de chute.

Si donc on suspend un poids donné en quelque point d'un solide mobile autour d'un axe horizontal, la puissance motrice de ce grave sera d'autant plus grande que le point de suspension s'abaissera plus rapidement par l'effet d'une rotation donnée, imprimée au support ; partant, elle sera d'autant plus grande que le point de suspension sera plus distant du plan vertical contenant l'axe.

Il nous est aujourd'hui bien facile d'achever cette analyse et, des prémisses posées, de tirer la proportionnalité entre la puissance motrice du grave suspendu et la distance du point de suspension au plan vertical contenant l'axe ; il nous suffit de nous reporter à la définition de la vitesse de chute, rapport d'une chute infinitésimale à sa durée infiniment petite ; nous voyons ainsi que la puissance motrice d'un poids, suspendu à un corps mobile autour d'un axe, est mesurée par le *moment* de ce poids par rapport au plan vertical contenant l'axe. Mais la notion de rapport entre deux quantités infiniment petites n'était point parvenue à maturité lorsque Cardan écrivait ; il ne pouvait donc développer la déduction dont nous venons de tracer la marche ; il pouvait seulement montrer que la puissance motrice du grave suspendu croît en même temps que son moment ou bien encore, comme il le fit dans l'*Opus novum*[23], admettre par intuition la proportionnalité de ces deux grandeurs. Le lien mécanique qui unit l'axiome d'Aristote, transformé[24] et devenu Principe des vitesses virtuelles, à la théorie des moments n'en était pas moins clairement aperçu ; il dépendait des progrès de l'analyse infinitésimale qu'il devînt plus rigoureux.

Nous venons de voir Cardan rapprocher les unes des autres plusieurs idées créées ou acceptées par Léonard de Vinci et établir entre elles un lien que ce grand génie n'avait peut-être pas soupçonné, qu'il n'avait en tout cas nullement signalé ; ailleurs, nous trouvons dans le médecin de Milan un fidèle interprète des pensées de Léonard ; ce qui est dit des moufles aux *Livres de la Subtilité* semble extrait des manuscrits dont l'étude a fait l'objet du précédent Chapitre.

« Le quatrième exemple de subtilité, dit Cardan[25], est aus moufles[26] ». Après avoir décrit un moufle à quatre brins, il ajoute : « Le fardeau donques... est tiré en haut par la quatrième partie de la force. Et si chacune poulie avait trois rouleaus, le fardeau pourrait estre tiré par la sixième partie de la force ; et ainsi un enfant pourra tirer en haut un grand fais, sinon en tant que la pesanteur des cordes, l'aspérité des rouleaus, ou poulies, ou moufles empeschent. Mais pource que la proportion des tems est comme des forces et puissances, l'enfant tirera par deux rouleaus quatre fois plus lentement, par trois rouleaus six fois plus lentement qu'il ne tire et lèverait d'une corde par mesme force, ains un peu plus grande, étant dessus, et trop plus lentement six fois ou quatre fois, d'autant que la longueur de la corde ajoute plus au fais ; donques il avient que l'enfant à peine en une heure tirera et lèvera le mesme fais par telle moufle, lequel un homme six fois plus robuste, estant en haut, peut lever incontinent d'une seule corde. »

Léonard de Vinci n'avait appliqué en détail l'axiome d'Aristote qu'au levier et aux moufles ; en ce qui concerne la vis, il s'était contenté de cette brève indication[27] : « Plus une force s'étend de roue en roue, de levier en levier ou de vis en vis, plus elle devient puissante et lente ».

Cette indication, Cardan la développe[28] sous ce titre : *La manière d'attirer et de pousser toutes choses en peu de force.* « Par semblable manière, dit-il, les vis que nous appelons vignes sont faites et composées... Tant plus donc seront de ploiements en la vis, et tant plus seront basses, c'est à dire plus proches au cercle et plus grandes, tant plus le poids sera léger et le mouvement facile ; et tant plus le mouvement sera facile, tant plus sera tardif. La vis donc peut estre de deux coudées par ces ploiements tant larges et bas, que le poids facilement sera levé d'un enfant de dix ans. Mais, comme j'ai dit, tant plus facilement il est mouvé, tant plus tardement il est tiré et levé. »

Ce Principe des vitesses virtuelles. Cardan l'applique, dans l'*Opus novum*[29], à l'évaluation de l'effet produit par le vérin et, dans le *De Subtililate*[30], au calcul d' « une grande machine pour lever les grands fardeaus et fort pesans, qui est composée d'une vis et d'un vérain ».

En tout ce qui touche le Principe des vitesses virtuelles, Cardan a développé et complété avec sagacité les indications qu'il avait puisées dans la lecture des pensées de Léonard de Vinci. Il a été moins heureux en ce qui concerne le plan incliné. Dans le *De Subtilitate*, il n'en aborde pas l'étude. Dans l'*Opus novum*, il se propose[31] de déterminer la pesanteur d'une sphère mobile sur un plan incliné, pesanteur qu'il croit, selon le principe de Dynamique universellement admis à cette époque, proportionnelle à la vitesse avec laquelle la sphère livrée à elle-même descendra suivant ce plan. Comme cette vitesse, nulle lorsque le plan est horizontal, croît en même temps que l'angle d'inclinaison du plan, Cardan croit pouvoir énoncer la proposition suivante : *La pesanteur d'une sphère qui*

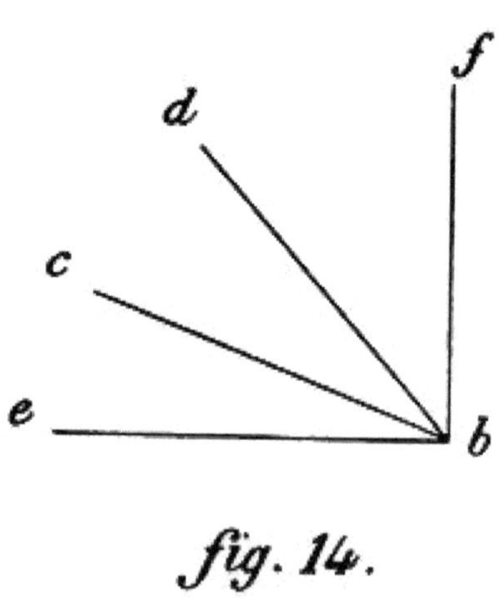

fig. 14.

descend un plan incliné est à la pesanteur de la même

sphère tombant en chute libre comme l'angle du plan incliné avec le plan horizontal est à l'angle droit.

Bien que cette solution soit erronée, le passage où Cardan l'expose mérite d'être rapporté ; car il a certainement contribué à suggérer à Simon Stevin d'une part, à Galilée d'autre part, la solution exacte de ce problème célèbre. Stevin, dans sa Statique, cite et discute l'*Opus novum* de Cardan ; Galilée, lorsqu'il trouva pour la première fois la loi du plan incliné, avait assurément sous les yeux le passage que nous allons citer :

« Soit une sphère a de poids g (*fig. 14*), placée au point b, que l'on veut tirer sur le plan incliné bc, bf étant le plan vertical. Sur le plan horizontal be, a peut être mû par une force aussi petite que l'on veut, selon ce qui a été dit ci-dessus ; par conséquent, selon l'opinion commune, la force qui mouvra a suivant eb sera nulle ; d'autre part, selon ce qui a été dit, a sera mû vers f par une force toujours constante et égale à g, dans la direction bc par une force constante égale à k, dans la direction bd enfin par une force constante égale à h ; donc, par la dernière demande, *cum termini servent quoad partes eandem rationem singili per se*[32], et comme le mouvement selon be est produit par une force nulle, le rapport de g à k sera comme le rapport de la force qui meut selon bf à la force qui meut selon bc, et comme le rapport de l'angle droit ebf à l'angle ebc ; et de même la force qui meut a selon bf qui, selon ce qui a été dit, est g à la force qui meut selon bd qui, par hypothèse, est h, comme ebf est à ebd ; donc la résistance au mouvement de *a* selon *bd* est à la résistance au mouvement du même *a* selon *bc*, comme *h* est à *k* ; ce qu'on voulait démontrer[33]. »

1. ↑ M. E. Wohlwill a émis d'une manière tout à fait incidente, et sans y insister, l'opinion que Tartaglia et Cardan avaient pu subir, d'une manière directe ou indirecte, l'influence de Léonard de Vinci. — Voir : E. Wohlwill, *Die Entdeckung des Beharrungsgesetzes* (Zeitschrift für Völkerpsychologie und Sprachwissenschaft, Bd. XIV, p. 386, en note ; 1883).

2. ↑ Libri, *Histoire des Sciences mathématiques en Italie,* tome III, p. 33. Paris, 1840.

3. ↑ Pacioli, *Divina proportione,* fol. 1. Venetiis, 1509.

4. ↑ Vasari, *Vite...,* t. VII, p. 57. Fiorenza, 1550.

5. ↑ Lomazzo, *Tratatto della pittura,* p. 652. Milano, 1583. — *Idea del tempio della pittura,* p. 17 et p. 106. Milano, 1590.

6. ↑ Voir, à ce sujet, Libri, *Histoire des Sciences mathématiques en Italie,* t. 111, pp. 148 et suiv. Paris, 1840.

7. ↑ Hieronymi Cardani metlici Mediolanensis, *De Subtilitate libri XXI.* Ad illustrissimum Principem Ferrandum Gonzagam, Mediolanensis provinciae praefectum. Lugduni, apud Guglielmum Rouillium, sub Scuto Veneto, in-8°, 1551.

8. ↑ Je ne connais cette édition que par la mention qui en est faite par Cardan dans l'*Apologie* insérée, en 1530, à la fin de l'édition de Bâle.

9. ↑ Les livres de Hierome Cardanus, médecin milanois, intitulés *de la subtilité et subtiles inventions,* ensemble les causes occultes et raisons d'icelles, traduis de latin en françois par Richard le Blanc ; à Paris, chez Charles l'Angelier, tenant sa boutique au premier pillier de la grand'salle du Palais ; 1556, in-4°.

10. ↑ En 1557, la première édition du *De Subtilitate* avait été vivement prise à partie dans : Julii Caesaris Scaligeri exotericarum exercitationum Liber XV ; *De Subtilitate ad Cardanum,* Lutetiae, apud Vascosanum, 1557, in-4°. — Aux critiques de Jules César Scaliger, Cardan riposta, en 1560, dans l'Apologie qui termine l'édition suivante : Hieronymi Cardani, Mediolanensis medici, *De Subtilitate libri XXI,* ab authore plus quam mille locis illustrati, nonnulli etiam cum additionibus. Addita insuper Apologia adversus calumniatorem, qua vis horum librorum aperitur. Basilcae, ex officina Petrina, Anno MDLX, Mense Martio, in-8°.—Outre les éditions que nous venons de citer, nous avons trouvé à Bordeaux, à la

Bibliothèque Municipale et à la Bibliothèque Universitaire : 1° deux autres éditions latines du *De Subtilitate* de Cardan : Norimbergae, apud Petreium, 1560 (in-fol.) et Lugduni, apud Stephanum Michel, 1580 (in-8°) ; 2° trois autres éditions des *Livres de la Subtilité* traduits en français par Richard le Blanc : Paris, Lenoir, 1556 (in-4°) ; Paris, Lenoir, 1566 (in-8°) et Paris, Cavellat, 1578 (in-8°) ; 3° trois autres éditions des *Exercitationes* de Scaliger : Francofurti, apud Claudium Marnium et haeredes Joannis Aubrii, 1607 (in-8°) ; Francofurti, apud A. Wechelum, 1612 (in-8°) ; Lugduni, apud A. de Harsy, 1615 (in-8°). Cette seule énumération fait éclater aux yeux la vogue extraordinaire dont a joui l'ouvrage de Cardan.

11. ↑ Hieronymi Cardani Mediolanensis, civisque Bononiensis, philosophi, medici et mathematici clarissimi, *Opus novum de proportionibus numerorum, motuum, ponderum, sonorum aliarumque rerum mensurandarum*, non solum geometrico more stabilitum, sed etiam variis experimentis et observationibus rerum in natura, solerti demonstratione illustiatum, ad multiplices usus accommodatum, et in V libros digestum..... Basileae, ex. officina Henricpetrina, Anno Salutis MDLXX, Mense Martio.

12. ↑ Cardan. *Les Livres de la Subtilité*, traduis de latin en françois par Richard Le Blanc. Paris, l'Angelier, 1556, p. 32.

13. ↑ *Les Manuscrits de Léonard de Vinci*, publiés par Ch. Ravaisson-Mollien ; Ms. A de la Bibliothèque de l'Institut, fol. 20, recto. Paris, 1881.

14. ↑ Il faut entendre par *cd* la surface de l'image lumineuse formée dans le plan focal du miroir.

15. ↑ *Les Manuscrits de Léonard de Vinci*, publiés par Ch. Ravaisson-Mollien ; Ms. G de la Bibliothèque de l'Institut. fol. 89, verso. Paris, 1890.

16. ↑ Cardan, *Les Livres de la Subtilité*, traduis de latin en françois par Richard Le Blanc. Paris, l'Angelier, 1556, p. 83.

17. ↑ *Les Manuscrits de Léonard de Vinci*, publiés par Ch. Ravaisson-Mollien ; Ms. F de la Bibliothèque de l'Institut. fol. 67, verso. Paris, 1889.

18. ↑ Cardan, *De Subtilitate*, Livre I, 1re édition, p. 31.

19. ↑ Cardan, *Les Livres de la Subtilité*, traduis de latin en françois par Richard Le Blanc. Paris, l'Angelier, 1556, p. 17.

20. ↑ Cardan, *Opus novum*, Propositio XCII. Basileae, 1570, p. 84.

21. ↑ Cardan, *Opus novum, loc cit.*

22. ↑ Cardan, *Les Livres de la Subtilité*, traduis de latin en françois par Richard Le Blanc. Paris, L'Angelier, 1556, pp. 16 et 17.

23. ↑ Cardan, *Opus novum*, Propositio XCVIII. Basileae, 1570, p. 92.

24. ↑ En l'*Opus novum*, œuvre conçue dans sa vieillesse, Cardan semble parfois oublier la transformation qu'il a fait subir à l'axiome d'Aristote, pour recourir à cet axiome pris sous sa forme première ; ainsi la théorie du levier (*a*) y est exposée par un raisonnement analogue à celui que l'on trouve dans les Μηχανικὰ προβλήματα ; d'ailleurs l'influence de cet ouvrage se fait sentir à chaque instant dans l'*Opus novum*, où Cardan fait de nombreux renvois au Traité du Stagirite.

    (*a*) Cardan, *Opus novum*, Propositio XLV : *Rationem staterae ostendere*. Basileae, 1570, p. 34.

25. ↑ Cardan, *Les Livres de la Subtilité*, traduis de laiin en françois par Richard Le Blanc. Paris, L'Angelier, 1556, p. 333 (Livre XVII, *Des Arts et inventions artificieuses. La manière de lever facilement les fardeaus*).

26. ↑ Le traducteur dit : « Aus vis, comme de pressoir ». Il ajoute un peu plus loin : « Aucuns les appellent moufles ». Cardan dit : « trochleis ». Ni le exte, ni la figure qui l'accompagne, ne laissent place à aucun doute ; il s'agit bien des moufles.

27. ↑ *Les Manuscrits de Léonard de Vinci*, publiés par Ch. Ravaisson-Mollien ; Ms. A. de la Bibliothèque de l'Institut, fol. 35, verso. Paris, 1881.

28. ↑ Cardan, *Les Livres de la Subtilité*, traduis de latin en françois par Richard Le Blanc. Paris, L'Angelier, 1556, p. 333.

29. ↑ Cardan, *Opus novum*, Propositio LXXI : *Proportionem levitatis ponderis per virgam torcularem attracti ad rectam suspensionem invenire*. Basileae, 1570, p. 63.

30. ↑ Cardan, *Les Livres de la Subtilité*, traduis en françois par Richard Le Blanc. Paris, l'Angelier, 1556, p. 334.

31. ↑ Cardan, *Opus novum*, Propositio LXXII : *Proportionem ponderis sphœrœ pendentis ad ascensum per acclive planum invenire*. Basileae, 1570, p. 63.

32. ↑ Nous renonçons à traduire cet obscur membre de phrase.

33. ↑ Libri (*Histoire des Sciences mathématiques en Italie*, t. III, p. 174. Paris, 1840) a écrit ce qui suit : « Dans ses *Paralipomènes*, Cardan a donné pour la première fois le parallélogramme des forces pour le cas où les composantes agissent à angle droit (*Cardani Opera*, tome X, p. 516). Lagrange semble attribuer cette proposition à Stevin » . — Je n'ai pas été en mesure de contrôler cette affirmation de Libri ; d'autre part, il serait imprudent d'accepter sans vérification les affirmations de cet auteur ; trop souvent, il lisait les textes anciens d'une manière un peu

superficielle et avec le désir d'y trouver des idées modernes qui n'étaient point encore conçues ; il affirme, par exemple (*loc. cit.*, p. 41), au sujet des manuscrits de Léonard de Vinci, que « la théorie du plan incliné s'y trouve exposée avec beaucoup de justesse » et nous avons vu ce qu'il fallait penser de cette affirmation. — L'affirmation de Libri touchant les *Paralipomènes* de Cardan fût-elle fondée, il est certain que Stevin, qui connaissait l'*Opus novum* lorsqu'il écrivait sa Statique, ne pouvait connaître cet autre ouvrage.

CHAPITRE IV

L'IMPOSSIBILITÉ DU MOUVEMENT PERPÉTUEL

On rangerait plus volontiers la question du mouvement perpétuel en Dynamique qu'en Statique ; mais, pour Léonard de Vinci et pour Cardan, non plus que pour Aristote, il n'existe entre ces deux sciences aucune infranchissable barrière. D'autre part, l'impossibilité du mouvement perpétuel a été admise, par Galilée et par Stevin, comme un axiome propre à fonder certaines démonstrations de Statique ; et Galilée et Stevin avaient lu les écrits de Cardan, où ils avaient peut-être puisé leur confiance en cet axiome ; et Cardan, écrivant contre le mouvement perpétuel, n'avait fait que résumer les notes éparses de Léonard de Vinci. Nous ne saurions donc nous faire une idée nette et complète des origines de la Statique si nous ne passions en revue les objections que Léonard de Vinci et Cardan ont opposées au *perpetuum mobile*.

La recherche du mouvement perpétuel est le nom générique par lequel on désigne deux utopies distinctes, la recherche du *perpétuel moteur* et la recherche du *perpétuel mobile*.

La plus grossière de ces utopies, la recherche du perpétuel moteur, est l'erreur du meunier qui, dans son réservoir, détient une masse d'eau déterminée, prête à tomber d'une hauteur déterminée et qui voudrait sans ajouter une pinte à cette eau, sans ajouter un pouce à la hauteur de son réservoir, combiner des engrenages merveilleux qui lui permettraient de moudre autant de grain qu'il lui plairait.

Nous avons vu avec quelle précision le grand hydraulicien qu'est Léonard ramène à leur juste mesure les ambitions de notre meunier. Qu'il mette sur sa roue cent meules au lieu d'une ; chacune d'elles lui moudra cent fois moins de grain. Un poids donné, tombant d'une hauteur donnée, représente une puissance motrice déterminée ; cette puissance, on peut la morceler, en varier l'emploi à l'infini ; on ne l'accroîtra pas.

Cette vérité coupe court aux espérances de celui qui cherche un *perpétuel moteur* ; elle laisse le champ libre aux rêves de celui qui poursuit la réalisation d'un *perpétuel mobile*.

Sans demander à un engin aucun effet mécanique extérieur, mais aussi sans exercer sur lui aucune action, ne pourrait-on voir cet engin, une fois mis en branle, se mouvoir indéfiniment ? Ne pourrait-on, par exemple, construire une roue si parfaite qu'une fois lancée, elle tournerait autour de son axe sans s'arrêter jamais ? Ne pourrait-on agencer une horloge à poids exactement égaux, où le poids qui est parvenu en haut de sa course descendrait à son tour en relevant le poids dont la chute avait causé son ascension, en sorte que cette horloge perpétuelle *se remonterait elle-même* ?

C'est folie de demander un mouvement perpétuel à une impulsion initiale, car la puissance motrice de cette impulsion, ce que Léonard de Vinci nomme sa « forza » ou son « impeto », ce que Leibniz nommera sa force vive, va s'épuisant sans cesse ; c'est folie également d'attendre d'un agencement de poids un *perpétuel mobile*, car la gravité tend toujours à l'équilibre ; tout mouvement produit par elle a pour terme le repos :

« Aucune chose sans vie, dit Léonard de Vinci[1], ne peut pousser ou tirer sans accompagner la chose mue ; ces moteurs ne peuvent être que *forza* ou pesanteur ; si la pesanteur pousse ou tire, elle ne fait ce mouvement dans la chose que parce qu'elle désire le repos, et aucune chose mue par son mouvement de chute n'étant capable de revenir à sa première hauteur, le mouvement prend fin. »

« Et si la chose qui meut une autre chose est la *forza*, cette force, elle aussi, accompagne la chose mue par elle, et elle la meut de telle sorte qu'elle se consume elle-même ; étant consumée, aucune des choses qui ont été mues par elle n'est capable de la reproduire. Donc aucune chose mue ne peut avoir une longue opération, parce que, les causes manquant, les effets manquent. »

Les contemporains de Léonard lui accordaient volontiers que la puissance motrice d'une impulsion communiquée à un ensemble de corps va se dissipant ; tous les péripatéticiens, en effet, tenaient pour un axiome que le mouvement violent va toujours se consumant : « Nullum violentum potest esse perpetuum », répétaient-ils. Pour peindre cette continuelle déperdition de la force vive au sein d'un système en mouvement, Léonard trouve des expressions d'une poésie enflammée : « Je dis[2] que la *forza* est une vertu spirituelle, une puissance invisible qui, au moyen d'une violence accidentelle extérieure, est causée par le mouvement, introduite et infuse dans les corps, qui se trouvent tirés et détournés de leur habitude naturelle ; elle leur donne une vie active d'une merveilleuse puissance, elle contraint toutes les choses créées à changer de forme et de place, court avec furie à sa mort désirée et va se diversifiant suivant les causes. La lenteur la fait grande et la vitesse la fait faible ; elle naît par violence et meurt par liberté. Et plus elle est grande, plus vite elle se consume. Elle chasse avec furie ce qui s'oppose à sa destruction, désire vaincre et tuer la cause de ce qui lui fait obstacle et, vainquant, se tue elle-même... Aucun mouvement fait par elle n'est durable. Elle croît dans les fatigues et disparaît par le repos. »

Avec la même richesse d'images, Léonard compare cette déperdition de la force vive à la continuelle tendance de la gravité vers le repos : « Si le poids désire la stabilité[3] et si la *forza* est toujours en désir de fuite, le poids est par lui-même sans fatigue, tandis que la *forza* n'en est jamais exempte. Plus le poids tombe, plus il augmente[4], et plus la *forza* tombe, plus elle diminue. Si l'un est éternel, l'autre est mortelle. Le poids est naturel et la *forza* accidentelle. Le poids désire stabilité et puis immobilité ; la *forza* désire fuite et mort d'elle-même. »

Comment cette continuelle tendance de la gravité à un état d'équilibre final[5] se manifeste-t-elle dans un mécanisme ? Elle se manifeste par cette loi qu'en un mécanisme en mouvement, « toujours le moteur est plus puissant que le mobile[6] » ; c'est en vertu de cette loi, par exemple, que « la corde qui descend des poulies sent plus de poids et, par conséquent, se fatigue plus que la corde opposée qui monte ». Cette inégalité, de sens invariable, entre la puissance du moteur et la résistance du mobile, se retrouve en tout mécanisme : « Par exemple[7], si tu veux que le poids *b* lève le poids *a*, les bras de la balance étant égaux, il est nécessaire que *b* soit plus lourd que *a*. Si tu voulais que le poids *d* levât le poids *c*, qui est plus lourd que lui, il serait nécessaire de lui faire faire une plus grande course dans sa descente que ne fait *c* dans sa montée ; et s'il descend plus, il faut que le bras de la balance qui descend avec lui soit plus long que l'autre. Et si tu voulais que le petit poids *f* levât le grand *e*, il faudrait que le poids *f* se mût sur une plus grande longueur et plus rapidement que le poids *e*. » C'est l'excès seul de la puissance du moteur sur la résistance du mobile qui détermine le mouvement ; plus cet excès est grand, plus le mouvement est vif. « Aucune puissance[8] ne prévaut sur sa résistance, sinon avec la partie de laquelle elle excède cette résistance. Ou bien : aucun moteur ne prévaut sur son mobile, sinon par ce dont il excède ce mobile... Et d'autant plus que le mouvement du mobile est joint à l'*impeto*, et d'autant plus qu'est grand l'*impeto* de ce mobile, qui peut croître à l'infini. » Si une poulie porte deux poids égaux, ces poids demeureront immobiles ; s'ils sont inégaux, le plus lourd descendra avec une vitesse proportionnelle à son excès sur le plus léger : « Si une livre de poids tombe contre une livre de résistance[9], elle ne changera pas de place ; elle restera de même. Et si par dessus se trouve attachée une autre livre, elle descendra à terre en une certaine quantité de temps ; si tu y ajoutes encore une autre livre, tout le poids descendra avec une vitesse doublée. »

Donc l'horloge qui se remonterait elle-même est une chimère ; toujours le poids qui possède la plus grande puissance motrice se mettra à descendre et, quand il sera parvenu au bas de sa course, l'horloge s'arrêtera ; de là, cette conclusion[10] de Léonard :

« *Contre le mouvement perpétuel.* Aucune chose insensible ne pourra se mouvoir par elle-même ; par conséquent, si elle se meut, elle est mue par une puissance inégale, c'est-à-dire de temps et de mouvement inégaux, ou de poids inégal. Et le désir du premier moteur ayant cessé, aussitôt cessera le second. »

Ce sont ces pensées de Léonard que Cardan résume lorsqu'aux livres *De la Subtilité,* « il démontre que le mouvement n'est perpétuel en toutes choses[11]. » Lorsque l'on tente de réaliser un perpétuel mobile, « ce que l'on demande à proprement parler, c'est ceci : existe-t-il un mouvement qui en lui-même, et en dehors de toute génération nouvelle, renferme une cause capable de le perpétuer ? Le problème serait résolu si l'on possédait des horloges qui, au lieu de mettre en branle ce mouvement qui annonce les heures en frappant des coups, remonteraient les poids en haut de leur course. Or, les mouvements qui peuvent ébranler les graves sont de trois sortes seulement : ou bien ils tendent essentiellement au centre du monde ; ou bien ils ne sont pas simplement dirigés vers le centre, comme l'écoulement des eaux ; ou bien ils découlent d'une nature particulière, comme le mouvement du fer vers l'aimant. Il est constant que le mouvement perpétuel doit être cherché parmi les mouvements des deux premiers genres[12]. Or, lorsqu'un poids est tiré plus fortement ou retenu plus énergiquement que ne le comporte sa nature, son mouvement est naturel, il est vrai, mais il n'est pas exempt de violence ; de ces deux circonstances, on trouve un exemple dans les poids des horloges... Quant au mouvement autour d'un cercle, il ne convient naturellement qu'au ciel et à l'air ; encore celui-ci n'en est-il pas animé d'une manière constante ; pour les autres graves, il a toujours son principe dans un mouvement selon la verticale. Les eaux elles-mêmes sont animées d'un certain mouvement selon la verticale ; ainsi, dans les fleuves, au fur et à mesure que les eaux sont engendrées par la source, elles descendent sans cesse suivant la déclivité du lit. Or, pour que le mouvement fût perpétuel, il faudrait que les graves qui ont été déplacés, parvenus à la fin de leur course, fussent reportés à leur situation initiale. Mais ils n'y peuvent être reportés que par un certain excès [de puissance motrice]. Ainsi donc, ou bien la continuité du mouvement découlera de ce que ce mouvement est conforme à la nature[13], ou bien cette continuité ne se maintiendra pas égale à elle-même. Or, ce qui diminue sans cesse, à moins d'être accru par une action extérieure, ne saurait être perpétuel. »

Dans les considérations de Léonard de Vinci et de Cardan il n'y a pas seulement la négation du perpétuel mobile, il y a plus ; il y a cette affirmation qu'une uniforme tendance dans tous les mouvements que nous observons, tendance des graves à descendre autant que possible, à chercher le lieu de leur éternel repos. Cette pensée est constamment présente à l'esprit de Léonard de Vinci. « Tout poids[14] désire descendre au centre par la voie la plus courte ; et où il y a plus de pesanteur, il y a un plus grand désir, et la chose qui pèse le plus, laissée libre, tombe le plus vite... » — « Le poids[15] pousse toujours vers le lieu de son départ... Et le lieu du poids est unique ; c'est la terre. » Cette proposition peut servir de principe pour expliquer l'équilibre et le mouvement des eaux : « Cette chose est plus haute qui est plus éloignée du centre du monde[16], et celle-là est plus basse qui est plus voisine de ce centre. L'eau ne se meut pas de soi si elle ne descend pas et, se mouvant, elle descend. Que ces quatre conceptions, prises deux à deux, me servent à prouver que l'eau qui ne se meut pas de soi a sa surface équidistante du centre du monde... Je dis qu'aucune partie de la surface de l'eau ne se meut de soi-même, si elle ne descend pas ; donc la sphère de l'eau n'ayant aucune partie de surface à pouvoir descendre, il est nécessaire par la première conception qu'elle ne descende pas. »

Sans doute, l'eau semble parfois monter spontanément et certains appareils hydrauliques exploitent cette propriété ; mais, en réalité, on n'obtient en ces appareils l'ascension d'une petite quantité d'eau que par la chute d'une très grande masse ; c'est ce que fait observer Cardan[17], traitant de « la vis d'Archimèdes. Donc il semble que cet argument ne conclud : L'eau descend perpétuellement, donc, en la fin, elle sera en un lieu plus bas qu'au commencement. Toutefois, elle ne descend pas tousjours, mais la partie qui descend la plus grande pousse la plus petite et la contraint de monter. »

Telle est donc la loi générale des mouvements produits par la gravité ; aucun corps ne monte qu'il n'en descende un plus lourd. « Tout grave tend en bas[18], et les choses hautes ne resteront pas à leur hauteur, mais avec le temps, elles descendront toutes, et ainsi avec le temps le monde restera sphérique et, par conséquent, sera tout couvert d'eau. »

Toute cette argumentation de Léonard de Vinci et de Cardan est tirée des principes de la Dynamique péripatéticienne : proportionnalité de la vitesse à la force qui meut le mobile, de la vitesse de chute au poids du grave. Ces fondements, les progrès de la Mécanique vont les emporter. Et cependant, une Mécanique plus avancée encore viendra fortifier les conclusions. Presque constamment, nous avons laissé la parole aux auteurs du XVIe siècle ; or, ce qu'ils nous ont dit a comme une saveur très moderne ; leurs pensées sont très voisines de celles des physiciens qui ont lu Clausius, William Thomson et Rayleigh. C'est que la Thermodynamique, en complétant la Dynamique trop simplifiée issue des *Discorsi* de Galilée, a comblé en partie l'abîme qui séparait celle-ci de la Dynamique d'Aristote.

Ce n'est pas ici le lieu d'insister sur ce rapprochement, qui nous entraînerait bien loin des origines de la Statique. Nous avons vu comment les pensées les plus essentielles de Léonard de Vinci avaient été publiées dans les ouvrages de Cardan ; la grande vogue de ceux-ci va permettre à ces pensées d'influer sur le développement de la Science.

A la fin du XVIe siècle, cette influence se divise en deux courants ; l'un se fait sentir en Italie, où il inspire les travaux de Jean-Baptiste Benedetti, de Guido Ubaldo, de Galilée, de Torricelli ; l'autre, canalisé par Simon Stevin, féconde la science flamande ; ces deux courants viendront confluer en Roberval et en Descartes.

1. ↑ *Les Manuscrits de Léonard de Vinci*, publiés par Ch. Ravaisson-Mollien. Ms. A de la Bibliothèque de l'Institut, fol. 21, verso. Paris, 1881.
2. ↑ *Les Manuscrits de Léonard de Vinci*, publiés par Ch. Ravaisson-Mollien. Ms. A de Bibliothèque de l'Institut, fol. 34, verso. Paris, 1881.
3. ↑ *Les Manuscrits de Léonard de Vinci*, publiés par Ch. Ravaisson-Mollien ; Ms. A de la Bibliothèque de l'institut, fol. 35, recto. Paris, 1881.
4. ↑ Léonard connaissait la chute accélérée des graves dont il a longuement traité en plusieurs passages, notamment au Ms. M de la Bibliothèque de l'Institut.
5. ↑ Ici encore, Léonard ne fait que développer les enseignements de l'École : « Motus simplex terminatur ad quietem », y disait-on.

6. ↑ *Les Manuscrits de Léonard de Vinci*, publiés par Ch. Ravaisson-Mollien ; Ms. E de la Bibliothèque de l'Institut, fol. 20, recto. Paris, 1888. — Cf. Ms. E, fol. 58, verso ; Ms. G, fol. 81, recto et fol. 82, recto. Paris, 1890.

7. ↑ *Les Manuscrits de Léonard de Vinci*, publiés par Ch. Ravaisson-Mollien ; Ms. A de la Bibliothèque de l'Institut, fol. 22, verso. Paris, 1881.

8. ↑ *Les Manuscrits de Léonard de Vinci*, publiés par Ch. Ravaisson-Mollien ; Ms. E de la Bibliothèque de l'Institut, fol. 21, recto, Paris, 1888.

9. ↑ *Les Manuscrits de Léonard de Vinci*, publiés par Ch. Ravaisson-Mollien ; Ms. A de la Bibliothèque de l'Institut, fol. 22, verso, Paris, 1881.

10. ↑ *Les Manuscrits de Léonard de Vinci*, publiés par Ch. Ravaisson-Mollien ; Ms. A de la Bibliothèque de l'Institut, fol. 22, verso, Paris, 1881.

11. ↑ Cardan, *Les Livres de la Subtilité*, traduis de latin en françois par Richard le Blanc. Paris, l'Angelier, 1556, p. 339. Les citations qui suivent sont traduites directement du texte latin et non pas tirées de la traduction de Richard le Blanc, fort obscure en ce passage.

12. ↑ On remarquera que Cardan évite de se prononcer sur la possibilité d'engendrer le mouvement perpétuel à l'aide d'aimants. Les propriétés si étranges des aimants préoccupaient singulièrement, à cette époque, ceux qui espéraient réaliser un *perpetuum mobile*. En 1558, Achille Grasser imprimait pour la première fois à Augsbourg, d'après une des nombreuses copies manuscrites qui circulaient parmi les physiciens, l'écrit célèbre composé par Pierre de Maricourt (Petrus Peregrinus), dans le camp de Charles d'Anjou, devant Lucera, le 8 août 1269. En cet écrit (*a*), Pierre de Maricourt, après avoir établi les lois des actions magnétiques en logicien rompu à la méthode expérimentale, essaye de produire un *perpetuum mobile* à l'aide d'aimants.

> (*a*) Pétri Peregrini Maricurtensis, *De magnete, seu rota perpetui mobilis libellus* Divi Ferdinandi Rhomanorum imporatoris auspicio per Achillem P. Grasserum L. num primum promulgatus Augsburgi in Suevis, Anno Salutis 1558. — Cet ouvrage est réimprimé dans : *Neudrucke von Schriften und Karten über Meteorologie und Erdmagnetismus*, herausgegeben von G. Hellmann. N° 10, *Rara magnetica*. Berlin, 1896.

13. ↑ Cardan entend réserver par là le mouvement du Ciel, qui est perpétuel par nature.

14. ↑ *Les Manuscrits de Léonard de Vinci*, publiés par Ch. Ravaisson-Mollien ; Ms. A de la Bibliothèque de l'Institut, fol. 22, verso, Paris, 1881.

15. ↑ *Les Manuscrits de Léonard de Vinci*, publiés par Ch. Ravaisson-Mollien ; Ms. C de la Bibliothèque de l'Institut, fol. 6, verso. Paris, 1888.

16. ↑ *Les Manuscrits de Léonard de Vinci*, publiés par Ch. Ravaisson-Mollien ; Ms. F de la Bibliothèque de l'Institut, fol. 27, recto ; fol. 26, verso et fol. 30, verso. Paris, 1889.

17. ↑ Cardan, *Les Livres de la Subtilité*, traduis de lalin en françois par Richard Le Blanc, Paris, l'Angelier, 1556, pp. 12 et 13. — Ce passage ne se trouve pas dans la première édition du *De Subtilitate* ; il a été ajouté en la seconde édition.

18. ↑ *Les Manuscrits de Léonard de Vinci*, publiés par Ch. Ravaisson-Mollien ; Ms. F de la Bibliothèque de l'Institut, fol. 84. recto. Paris, 1889.